I0001414

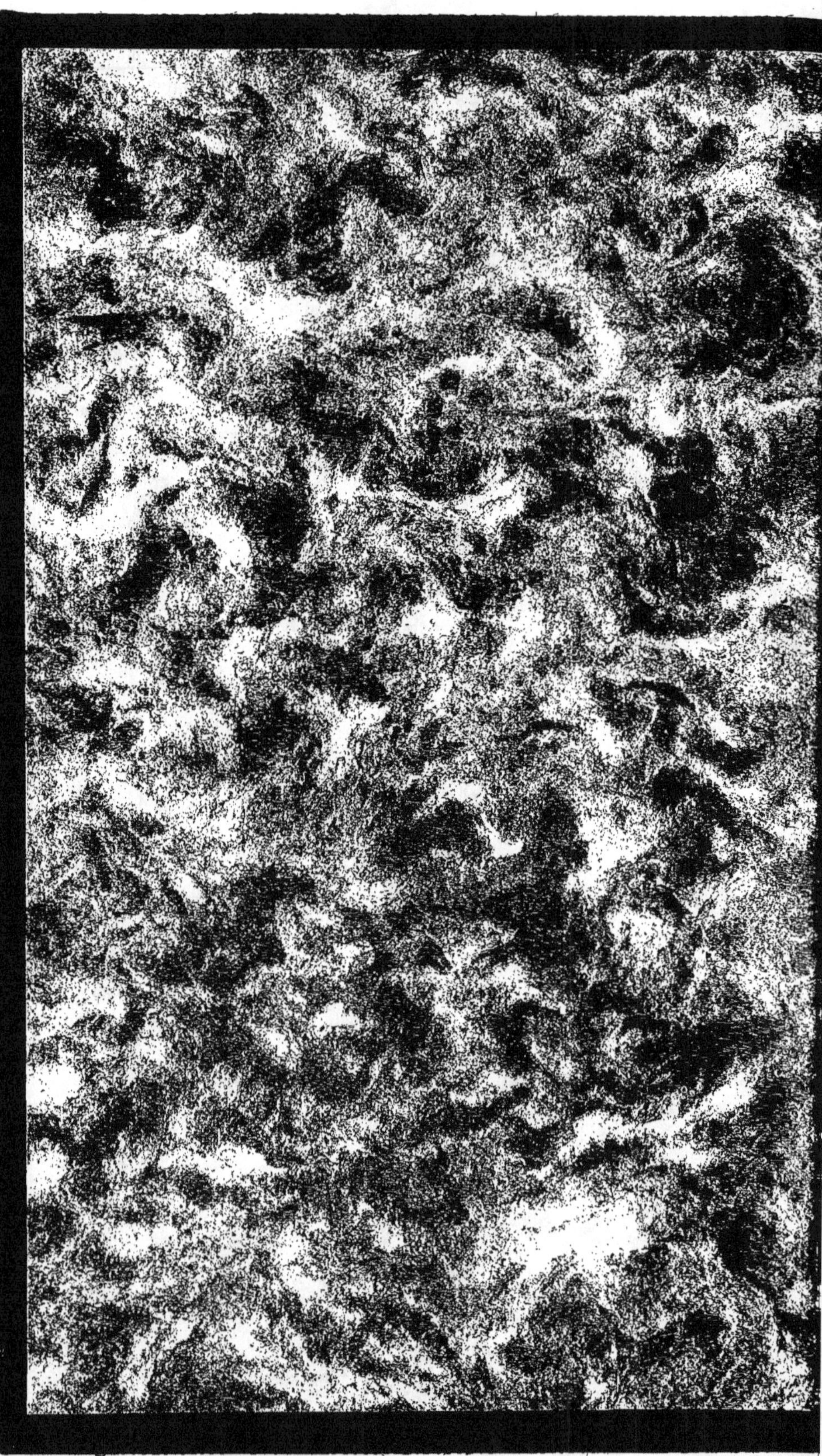

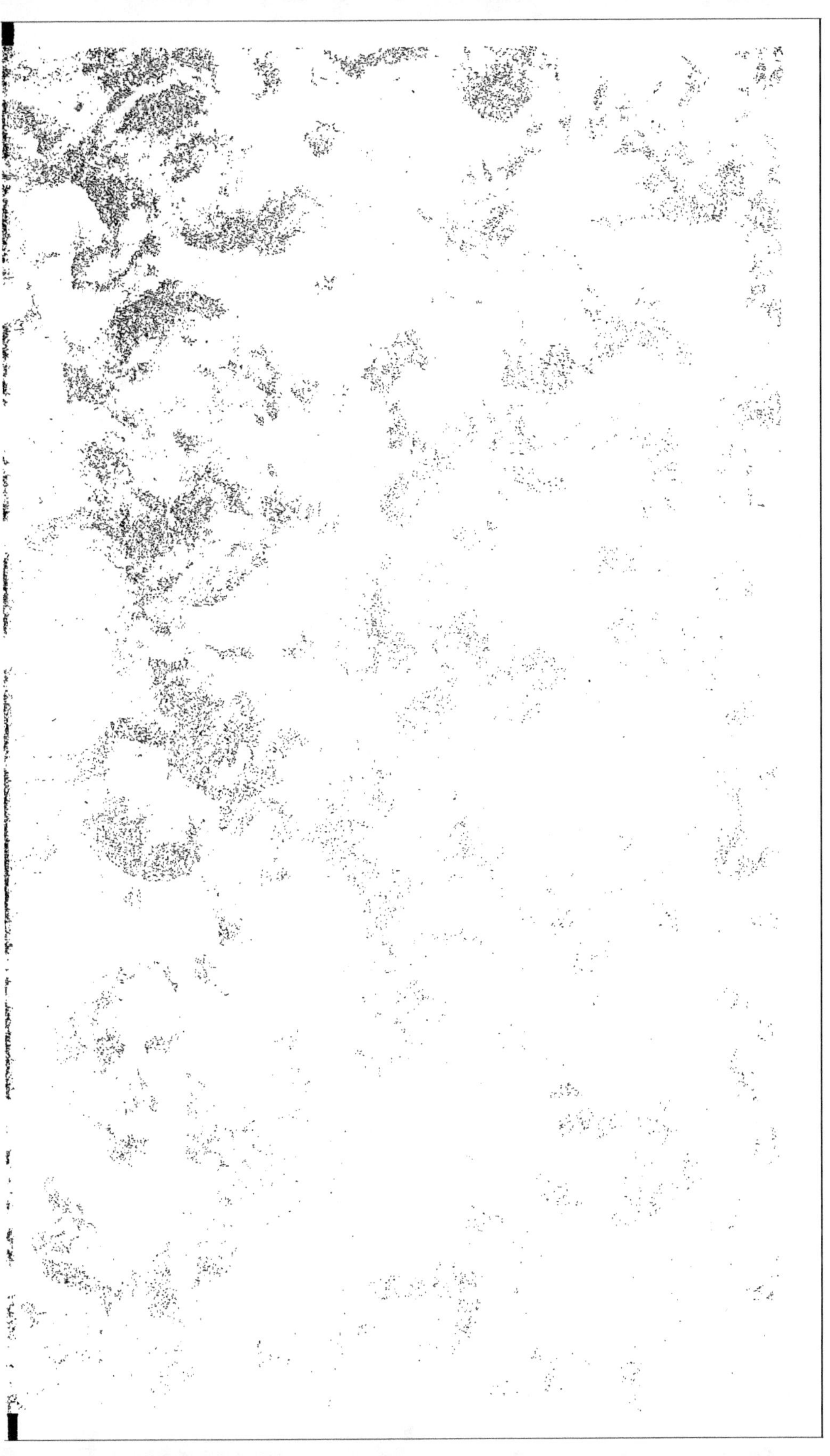

Bouchon (F Christin)

Traité d'Arithmétique

1873

TRAITÉ

D'ARITHMÉTIQUE

1855. Abbeville, imp. Briez, C. Paillart et Retaux.

TRAITÉ D'ARITHMÉTIQUE

A L'USAGE DES

ÉLÈVES QUI SE PRÉPARENT AUX ÉCOLES DU GOUVERNEMENT
AU BACCALAURÉAT ÈS-SCIENCES
ET DE TOUS CEUX QUI SE DESTINENT A POURSUIVRE
L'ÉTUDE DES SCIENCES

PAR

F. CHRISTIN BOUCHOU
Professeur de sciences

PARIS
CH. DELAGRAVE ET CIE, LIBRAIRES-ÉDITEURS
58, RUE DES ÉCOLES, 58

1873

PRÉFACE

J'ai toujours été étonné de la difficulté qu'ont les élèves à distinguer entre eux les nombres entiers, fractionnaires et incommensurables. La distinction de ces nombres, qui sont le fondement de toutes les études mathématiques, est de la plus haute importance. Leur confusion nuit extrêmement au progrès des élèves, et est de nature à les rebuter. La marche qu'on suit pour les étudier me paraît être la principale cause de cette confusion, les nombres incommensurables sont relégués dans l'algèbre, et les nombres fractionnaires s'intercalent avec les nombres entiers dans l'arithmétique.

J'ai pensé qu'en introduisant dans l'arithmétique les nombres incommensurables, en les traitant séparément des nombres fractionnaires et ceux-ci des nombres entiers, on faciliterait aux élèves l'étude de l'arithmétique et l'intelligence des mathématiques. Les analogies qui se présentent dans l'étude de ces trois sortes de nombres deviennent plus frappantes, elles permettent de saisir plus promptement les parties épineuses, de rectifier plus aisément les notions acquises.

Les nombres incommensurables appartiennent d'ailleurs foncièrement à l'arithmétique. Pour les y introduire, je n'ai eu qu'à élargir à peine quelques principes qui s'y trouvent déjà, à considérer tous les nombres incommensurables comme des limites, ce qui est déjà admis pour les racines incommensurables, et à établir les théorèmes des limites : théorèmes qui ne sauraient être mieux placés qu'en arithmétique ; car, outre qu'ils y servent à l'étude des nombres incommensurables, ils sont aussi indispensables à une exposition satisfaisante de certaines propositions des éléments de géométrie et d'algèbre.

On trouvera peut-être que nous avons traité trop au long les calculs d'approximation. Cependant les cas que nous avons considérés, quoique ayant entre eux beaucoup d'analogie, nous ont paru assez différents pour mériter d'être traités séparément. Nous laissons aux professeurs le soin de choisir ceux qui leur paraîtront le plus propres à faire saisir la marche générale de la résolution de cette sorte de questions, et nous engageons les élèves à les passer tous en revue à titre d'exercice.

TRAITÉ

D'ARITHMÉTIQUE

INTRODUCTION

1. On appelle quantité tout ce qui peut être augmenté ou diminué; comme la longueur d'une allée, un troupeau de bœufs.

On appelle unité une quantité déterminée destinée à servir de comparaison aux quantités de son espèce. Ainsi le mètre est l'unité des longueurs, le bœuf est l'unité des troupeaux de bœufs.

On appelle nombre le résultat de la comparaison de la quantité à l'unité.

Les nombres se divisent d'abord en trois sortes : les nombres entiers, les nombres fractionnaires, les nombres incommensurables. Ces trois sortes de nombres se présentent naturellement dans la comparaison d'une quantité à son unité, c'est-à-dire dans la mesure des quantités.

Proposons-nous, par exemple, de mesurer sur une longueur indéfinie, que nous désignerons par XY, la distance du point O au point A. Nous porterons le mètre sur cette distance autant de fois que possible. Supposons qu'il y soit contenu exactement trois fois. Le résultat de cette comparaison est trois. C'est un nombre entier.

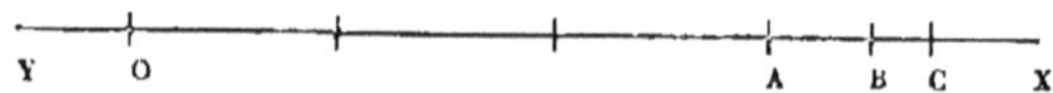

Proposons-nous maintenant d'évaluer la distance OB. Elle contiendra trois mètres plus la distance AB que je suppose plus petite qu'un mètre. Pour évaluer AB, on divise le mètre en un certain nombre de parties égales, dix, cent, mille ; que l'on nomme respectivement, c'est-à-dire suivant leur ordre, décimètres, centimètres, millimètres. Supposons que le centimètre soit contenu exactement vingt-cinq fois dans AB. On aura pour la mesure de OB trois mètres vingt-cinq centimètres. Ce sera un nombre fractionnaire.

Enfin, proposons-nous d'évaluer la distance OC. Elle contiendra évidemment trois mètres vingt-cinq centimètres, plus al distance BC, que je suppose plus petite qu'un centimètre. Supposons que cette distance BC ne contienne pas exactement le millimètre ni aucune autre subdivision quelconque du mètre ; ce qui peut arriver, comme nous le verrons dans la suite. La longueur OC, n'ayant alors aucune commune mesure avec l'unité, est dite incommensurable. Par suite, il n'y a pas de nombre qui puisse l'exprimer exactement. On conçoit néanmoins un pareil nombre. C'est ce nombre que l'on appelle incommensurable. Dans ce cas, on évalue approximativement la longueur OC au moyen d'un nombre fractionnaire. Ainsi supposons que BC contienne sept millimètres plus un reste plus petit qu'un millimètre ; on négligera ce reste, et on aura, pour la mesure approchée de OC, trois mètres vingt-cinq centimètres sept millimètres. Par opposition, les nombres entiers et fractionnaires s'appellent nombres commensurables.

Tous les nombres sont des quantités, puisqu'on peut les augmenter ou les diminuer.

Un nombre quelconque est dit concret quand il désigne une certaine espèce d'unités, comme trois mètres vingt-cinq centimètres. Il est dit abstrait quand il ne désigne aucune espèce d'unités, comme quarante. Un nombre concret peut être considéré comme la quantité même qu'il représente.

L'arithmétique est la science des nombres. Elle a pour but d'apprendre leurs combinaisons, leurs propriétés, et les applications immédiates qui en résultent.

Nous la diviserons en deux parties. Dans la première, nous traiterons des combinaisons et des propriétés des nombres; dans la deuxième, de leurs applications immédiates.

La première partie se divise naturellement en trois livres comprenant : le 1er les nombres entiers, le 2e les nombres fractionnaires, le 3e les nombres incommensurables. Nous diviserons la deuxième partie en deux livres. Dans le premier nous traiterons des rapports et des unités ou mesures des quantités; dans le second de la résolution des problèmes.

DÉFINITION DE QUELQUES TERMES.

2. Un axiôme est une vérité évidente par elle-même. Un théorème est une vérité qui ne devient évidente qu'à l'aide d'un raisonnement appelé démonstration. Un problème est une question qui exige une solution. Un lemme est une vérité que l'on démontre pour la faire servir à la démonstration d'un théorème ou à la résolution d'un problème.

On appelle principe une vérité que l'on admet souvent sans démonstration, ou qui est facilement démontrée.

Un corollaire est une conséquence qui découle d'une ou de plusieurs propositions.

Une hypothèse est une supposition faite, soit dans l'énoncé d'une proposition, soit dans le courant d'une démonstration.

Une opération est une combinaison quelconque de nombres. Une preuve est une seconde opération destinée à vérifier la première. Un calcul est un ensemble d'opérations.

PREMIÈRE PARTIE

COMBINAISONS ET PROPRIETES DES NOMBRES

LIVRE PREMIER

NOMBRES ENTIERS

CHAPITRE PREMIER.

NUMÉRATION.

3. Un nombre entier est une collection de plusieurs unités de même espèce.

Les nombres entiers s'obtiennent en ajoutant l'unité d'abord à elle-même, et puis successivement au nombre précédent. On voit par là que leur suite est illimitée ; car quelque grand que soit le dernier nombre ainsi obtenu, on pourra lui ajouter l'unité, et en former un plus grand. Si on eût donné aux nombres des noms indépendants les uns des autres, il aurait été impossible de les retenir. D'un autre côté, il importe de calculer rapidement, et pour cela il faut pouvoir écrire brièvement les nombres. Il a donc fallu nommer les nombres avec peu de mots et les écrire avec peu de caractères. C'est là le double but de la numération, qui se divise par suite en deux parties : la numération parlée et la numération écrite.

NUMÉRATION PARLÉE.

4. Pour nommer les nombres avec peu de mots, on a d'abord donné aux nombres successifs à partir de l'unité les noms suivants : Un, deux, trois, quatre, cinq, six, sept, huit, neuf, dix. On a ensuite appliqué le principe suivant, dit principe fondamental de la numération parlée : Dix unités d'un certain ordre forment une unité d'un autre ordre dix fois plus forte. Les unités, qui forment les dix premiers nombres, s'appellent unités du premier ordre. Dix de ces unités ont donc formé une nouvelle unité appelée dizaine, dix fois plus forte que l'unité du premier ordre, et qui est dite aussi unité du second ordre. On a compté par dizaines comme par unités, en ayant le soin d'intercaler entre deux dizaines successives les neuf premiers nombres. L'usage a substitué aux mots dix et un, dix et deux, etc., les mots onze, douze, treize, quatorze, quinze, seize ; ensuite la nomenclature régulière recommence : on dit, dix-sept, dix-huit, dix-neuf. De même au lieu de deux dizaines, trois dizaines, etc. , on dit : vingt, trente, quarante, cinquante, soixante, soixante-dix, quatre-vingt, quatre-vingt-dix. Dix dizaines ont formé une nouvelle unité appelée centaine, dix fois plus forte qu'une unité du second ordre, et qu'on a appelée aussi unité du troisième ordre. On a compté par centaines comme par dizaines, en ayant le soin d'intercaler entre deux centaines successives les quatre-vingt-dix-neuf premiers nombres. Dix centaines ont de même formé un mille, unité du quatrième ordre ; dix mille, une dizaine de mille, unité du cinquième ordre ; dix dizaines de mille, une centaine de mille ; dix centaines de mille, un million... billion..., trillion..., quatrillion.....

Il est à remarquer qu'on a encore diminué le nombre des mots qui servent à exprimer les nombres, en ne donnant pas des noms indépendants à toutes les unités des différents ordres. Celles qui en ont reçu se présentent seulement de trois en trois, à partir des unités simples. Chacune d'elles forme ensuite des dizaines et des centaines de même dénomination. L'ensemble de ces trois sortes d'unités constitue ce qu'on appelle une classe ternaire. La considération des classes ternaires est particulièrement importante dans la numération écrite.

NUMÉRATION ÉCRITE.

5. Pour écrire les nombres avec peu de mots, on a d'abord représenté les neuf premiers nombres successivement par les caractères suivants appelés chiffres : 1 2 3 4 5 6 7 8 9. On a ensuite appliqué le principe suivant, dit principe fondamental de la numération écrite : tout chiffre placé à la gauche d'un autre exprime des unités dix fois plus fortes. Il résulte immédiatement de ce principe ; que le chiffre des unités d'un nombre devra se trouver au premier rang, le chiffre des dizaines à sa gauche, c'est-à-dire au second rang, en allant de droite à gauche ; le chiffre des centaines ou unités du troisième ordre au troisième rang, c'est-à-dire que le chiffre des unités d'un certain ordre devra occuper le rang marqué par cet ordre. Comme un nombre peut ne pas contenir toutes les unités des divers ordres qui succèdent à ses plus hautes unités, on a été obligé de se servir d'un dixième caractère, appelé zéro, qui n'a par lui-même aucune valeur, mais qui sert à occuper le rang des unités des ordres qui manquent.

Soit maintenant à écrire le nombre cinquante-sept million huit cent quatre mille trente-sept unités. Ce nombre contient : 7 unités du premier ordre, 3 unités du second, pas d'unités du troisième, 4 unités du quatrième, etc. On écrira donc 7 au premier rang, 3 au second, 0 au troisième, 4 au quatrième, etc. On obtient ainsi 57804037. D'après l'écriture de ce nombre, on peut observer qu'il faut trois chiffres pour représenter chaque classe ternaire d'unités, excepté la classe des plus hautes unités, qui peut n'avoir besoin que d'un ou deux chiffres. De ce qui précède, on déduit les deux règles suivantes :

1° On écrit un nombre en écrivant de gauche à droite chaque classe ternaire d'unités, à mesure qu'on l'énonce, et ayant le soin de remplacer par des zéros les unités des ordres qui manquent à partir des plus élevées.

2° On lit un nombre écrit, en le partageant à partir de la droite en tranches de trois chiffres, la dernière tranche pouvant d'ailleurs n'avoir qu'un ou deux chiffres ; énonçant ensuite à partir de la gauche chaque tranche, comme si elle était seule, et lui donnant le nom des unités qu'elle représente.

Il est à remarquer, que dans un nombre, un chiffresignificatif, c'est-à-dire différent de zéro, a deux valeurs : 1° une valeur dite absolue, c'est la valeur qu'il aurait s'il était seul ; 2° une valeur dite relative, c'est la valeur qu'il doit à son rang. Ainsi dans 837 la valeur absolue de 3 est 3 unités simples, sa valeur relative est 3 dizaines.

6. Remarque. — Le système de numération que nous venons d'exposer s'appelle système décimal ; et 10 en est dit la base, parce que 10 unités d'un ordre quelconque forment toujours une unité de l'ordre suivant. Tout nombre, excepté 1, peut évidemment servir de base à un système de numération. Ainsi avec 2 on formerait le système binaire ; avec 3 le système ternaire ; avec 11, 12, les systèmes undécimal, duodécimal. En comparant ces différents systèmes dans la suite nous reconnaîtrons que c'est le système duodécimal qui se prête le plus avantageusement à l'évaluation exacte des quantités sous la forme de nombres entiers ; c'est-à-dire que c'est en partageant l'unité en parties de douze en douze fois plus petites que l'on a le plus de chances d'arriver à une expression exacte des quantités sous la forme la plus simple. Le système duodécimal est donc celui qui offrirait le plus d'avantages pour la simplification des calculs. D'ailleurs 12 s'écartant peu de 10 ce système ne ferait pas varier sensiblement les mots qui servent à exprimer actuellement les nombres. Cependant le système décimal est seul en usage chez tous les peuples. On s'explique cette universalité, en considérant que les hommes ont été naturellement conduits à prendre pour base le nombre des doigts de leurs mains. Dans ce système, les nombres dont on se sert ne dépassent pas généralement un billion ou milliard. Les mots qui servent à les exprimer tous jusqu'à cette limite exclusivement sont seulement au nombre de treize; ils se trouvent renfermés dans le nombre suivant 987654321.

CHAPITRE II

OPÉRATIONS DES NOMBRES ENTIERS.

ADDITION.

7. L'addition est une opération qui a pour but de former un nombre appelé somme ou total qui contienne autant d'unités qu'il y en a dans plusieurs nombres de même espèce donnés.

Le signe de l'addition est $+$ que l'on énonce plus. Ainsi l'addition des nombres 5, 35, 140 s'indique par $5 + 35 + 140$, que l'on énonce 5 plus 35 plus 140.

Nous emploierons souvent le signe $=$, que l'on énonce égale et qui sert à indiquer que les quantités qu'il sépare sont égales. Ainsi $9 = 9$ signifie 9 égale 9.

8. Nous admettrons d'abord comme évident le principe suivant : La somme de plusieurs nombres ne change pas, quel que soit l'ordre dans lequel on les ajoute. Ainsi

$$7 + 9 + 12 = 9 + 12 + 7.$$

L'addition présente trois cas : 1° l'addition de deux nombres d'un seul chiffre ; 2° l'addition d'un nombre d'un seul chiffre et d'un nombre de plusieurs chiffres ; 3° l'addition de plusieurs nombres quelconques.

9. Premier cas. — Soit à ajouter 3 et 5.

Le procédé le plus simple consiste à décomposer le plus petit des deux nombres en ses unités et à les ajouter une à une à l'autre. On peut toujours prendre le plus petit pour cette décomposition (8). Décomposons 3 en ses unités ; on a $3 = 1 + 1 + 1$. On dira ensuite 5 et 1, 6 ; 6 et 1, 7 ; 7 et 1, 8. 8 est la somme demandée.

Il est essentiel de savoir par cœur, pour les deux autres cas de l'addition, les sommes de deux nombres quelconques d'un seul chiffre. Ces sommes se trouvent renfermées dans le tableau suivant, appelé table d'addition.

0	1	2	3	4	5	6	7	8	9
1	2	3	4	5	6	7	8	9	10
2	3	4	5	6	7	8	9	10	11
3	4	5	6	7	8	9	10	11	12
4	5	6	7	8	9	10	11	12	13
5	6	7	8	9	10	11	12	13	14
6	7	8	9	10	11	12	13	14	15
7	8	9	10	11	12	13	14	15	16
8	9	10	11	12	13	14	15	16	17
9	10	11	12	13	14	15	16	17	18

Pour former cette table, on ajoute à chaque chiffre de la première tranche horizontale chaque chiffre de la première tranche verticale, et on écrit la somme au point de rencontre des nouvelles tranches verticale et horizontale, qui partent des chiffres considérés. On l'énonce ainsi : 1 et 1 — 2, 1 et 2 — 3, 1 et 9 — 10 ; 2 et 1 — 3, 2 et 2 — 4, 2 et 9 — 11, etc.

10. Deuxième cas. — Soit d'abord à ajouter 35 et 4.

Faisons abstraction des dizaines de 35 et ajoutons 5 et 4 ; on obtient 9. Ajoutons 9 aux dizaines d'abord négligées; on aura 39 pour la somme demandée.

Soit maintenant à additionner 47 et 8.

Négligeons de nouveau les dizaines et ajoutons 7 et 8 ; on obtient 15, qui vaut 1 dizaine plus 5 unités. Reportons cette dizaine aux dizaines négligées; on obtient 5 dizaines, qui ajoutées aux 5 unités restantes donnent 55 pour la somme cherchée.

Il importe, pour le troisième cas de l'addition, de savoir trouver ces sortes de sommes sans faire aucune décomposition. Ainsi on doit pouvoir dire immédiatement : 35 et 4 font 39; 47 et 8, 55. On obtient promptement ce résultat en s'exerçant sur ces sortes d'additions.

11. Troisième cas. — Soit à additionner 789803, 9648310, 5847, 768079.

Supposons que nous fassions cette addition de la manière suivante : Additionnons les unités simples de ces nombres. La somme partielle ainsi obtenue pourra être inférieure ou supérieure à 10. Si elle est inférieure à 10, elle sera exprimée par un seul chiffre, écrivons ce chiffre ; si elle est supérieure à 10, elle contiendra un certain nombre de dizaines, plus un nombre d'unités inférieur à 10, qui sera exprimé par un seul chiffre. Écrivons ce chiffre. Additionnons maintenant les dizaines de ces nombres, en y ajoutant, s'il y a lieu, les dizaines provenant de la somme des unités simples. Si cette nouvelle somme partielle ne surpasse pas 10, elle sera représentée par un seul chiffre, que nous écrirons, pour lui faire exprimer des dizaines, à la gauche du chiffre des unités déjà obtenu. Si elle est supérieure à 10, elle contiendra un certain nombre de centaines, plus un certain nombre de dizaines inférieur à 10, qui sera exprimé par un seul chiffre. Nous écrirons ce chiffre pour lui faire exprimer des dizaines à la gauche de celui des unités. Continuons ainsi, jusqu'à ce que nous ayons additionné toutes les unités des différents ordres, et écrivons la somme des plus hautes unités, telle que nous l'obtiendrons. Le nombre ainsi obtenu sera la somme demandée, puisqu'il contiendra toutes les unités des différents ordres des nombres proposés.

Pour faciliter les additions partielles, on écrit ordinairement les nombres proposés les uns au-dessous des autres, de telle sorte que les unités de même ordre se correspondent. On les souligne, puis on écrit au-dessous de chaque colonne le chiffre qu'elle fournit. Voici cette disposition :

$$\begin{array}{r} 789803 \\ 9648310 \\ 5847 \\ 768079 \\ \hline 11212039 \end{array}$$

La somme des unités simples est 19, qui vaut 1 dizaine plus 9 unités. On écrit 9 sous la colonne des unités et on reporte

1 dizaine à la colonne des dizaines. La somme des dizaines devient ainsi 13, qui vaut 1 centaine plus 3 dizaines. On écrit 3 sous la colonne des dizaines et on reporte 1 à la colonne des centaines. La somme des centaines est 20, qui vaut 2 mille plus 0 centaine. On écrit 0 sous la colonne des centaines et on reporte 2 à la colonne des mille, et ainsi de suite. Dans la pratique on dit : 3 et 7 10, et 9 19 ; je pose 9 et je retiens 1. 1 et 1 2, et 4 6, et 7 13 ; je pose 3 et je retiens 1, etc.

Il vaut mieux encore pour la rapidité de ne pas nommer les chiffres qu'on ajoute, ainsi on dira 10, 19, 9, et retiens 1. 2, 6, 13, 3 et retiens 1, etc.

11212039 est la somme demandée.

De ce qui précède, on peut conclure la règle générale suivante:

12. Pour additionner des nombres quelconques, on écrit ces nombres les uns au-dessous des autres, de telle sorte que les unités de même ordre se correspondent dans une même colonne verticale. On souligne ces nombres ; puis, à partir de la droite on fait successivement la somme des chiffres de chaque colonne verticale. Si cette somme ne surpasse pas 9, on l'écrit au dessous telle qu'on la trouve. Si elle surpasse 9, on n'écrit que ses unités simples et on retient les dizaines pour les ajouter à la somme des chiffres de la colonne suivante ; et ainsi de suite, jusqu'à la dernière colonne, dont on écrit la somme, augmentée de la retenue précédente s'il y a lieu, telle qu'on la trouve.

On fait la preuve de l'addition en recommençant l'opération en sens contraire, c'est-à-dire, de bas en haut, si déjà l'on a opéré de haut en bas. Si on trouve la même somme, il est probable que l'opération est exacte (8).

Une preuve ne peut pas donner la certitude de l'exactitude d'une opération, car étant elle-même une opération, elle est sujette à erreur, et l'erreur commise sur la preuve peut dissimuler l'erreur de l'opération.

Nous avons commencé l'addition par la droite. On ne peut pas la commencer par la gauche, car les retenues obligeraient à changer les chiffres déjà écrits au total.

CHAPITRE III.

SOUSTRACTION.

13. La soustraction est une opération qui a pour but, étant donnés la somme de deux nombres et l'un d'eux, de trouver l'autre. Le résultat s'appelle reste, excès ou différence.

Le signe de la soustraction est —, que l'on énonce moins. Ainsi pour indiquer qu'on doit soustraire 5 de 11, on écrira 11—5 que l'on énoncera 11 moins 5.

Nous nous servirons souvent de l'un des signes $<$ ou $>$, pour indiquer qu'une quantité est plus grande ou plus petite qu'une autre. On le place entre les deux quantités, en tournant sa pointe du côté de la plus petite. Ainsi, pour indiquer que 5 est plus petit que 9, on écrit $5 < 9$, que l'on énonce 5 plus petit que 9. De même, pour indiquer que 13 est plus grand que 7, on écrit $13 > 7$, que l'on énonce 13 plus grand que 7.

On voit que la soustraction est l'opération inverse de l'addition.

D'après la définition, le plus petit des deux nombres augmenté du reste doit reproduire le plus grand ; le reste indique donc la différence des deux nombres, ou l'excès du plus grand sur le plus petit. C'est pourquoi on définit encore la soustraction : une opération qui a pour but de retrancher d'un nombre autant d'unités qu'il y en a dans un autre plus petit ; ou bien, une opération, qui a pour but de chercher de combien d'unités un nombre surpasse un autre plus petit.

Nous établirons maintenant le principe suivant qui nous sera utile pour la théorie de la soustraction.

14. La différence de deux nombres ne change pas, quand on augmente ou on diminue chacun d'eux d'un même nombre. Ainsi 15 retranché de 34 donnera le même résultat que la somme $15 + 7$ retranchée de la somme $34 + 7$.

En effet pour retrancher $15 + 7$ de $34 + 7$, on peut commencer par retrancher 7 de 7 ; ce qui donne 0. On voit alors que le reste de la seconde soustraction se réduit à 34 — 15, c'est-à-dire au reste de la première.

Ce principe s'applique aussi évidemment aux nombres fractionnaires et incommensurables.

La soustraction présente trois cas : 1° le cas où le plus petit nombre et le reste n'ont chacun qu'un chiffre ; 2° le cas où le plus petit nombre a un chiffre et le reste plusieurs ; 3° le cas où le plus petit nombre et le reste ont plusieurs chiffres.

15. PREMIER CAS. — Soit à soustraire 5 de 13.

On reconnaît immédiatement que le reste n'a qu'un chiffre. Car en augmentant 5 du plus petit nombre de plusieurs chiffres, qui est 10, on a pour somme 15 > 13. Le reste est donc plus petit que 10 et n'a qu'un chiffre.

Pour trouver ce reste, il suffit de savoir par cœur la table d'addition. Car si on sait que 5 et 8 font 13, on sait aussi que 5 retranché de 13 donne 8 pour reste.

16. DEUXIÈME CAS. — Soit d'abord à soustraire 3 de 28.

Le reste a plusieurs chiffres, car 3 augmenté de 10 donne 13 < 28.

Pour trouver le reste, négligeons les dizaines de 28 et retranchons 3 de 8, on obtient 5. Ajoutons 5 aux dizaines d'abord négligées, on aura 25 pour le reste demandé.

Soit maintenant à soustraire 6 de 34.

Le reste d'après la raison précédente a plusieurs chiffres.

Si après avoir négligé les dizaines, comme dans le cas précédent, nous essayons de retrancher 6 de 4, nous ne le pourrons pas. Augmentons 4 de 10 unités simples et de la somme 14 retranchons 6 ; on obtient 8. Le plus grand nombre ayant été augmenté de 10 unités simples, le reste serait évidemment trop fort de ces 10 unités ; pour le ramener à sa juste valeur, il suffira d'augmenter le plus petit nombre de 10 unités simples ou une dizaine (14). Nous retranchons donc 1 dizaine des 3 dizaines négligées ; on obtient ainsi 2 dizaines, qui ajoutées aux 8 unités déjà obtenues donnent 28 pour le reste cherché.

17. TROISIÈME CAS. Soit à soustraire 8763 de 30937.

Le reste a évidemment plusieurs chiffres.

Supposons que nous fassions cette soustraction de la manière suivante : retranchons les unités simples du plus petit nombre des unités simples du plus grand. Cette soustraction partielle pourra être possible ou impossible. Si elle est impossible nous la rendrons possible, en augmentant de 10 unités du même ordre les unités simples du plus grand nombre (16). Écrivons le chiffre résultant de cette soustraction. Si nous avons augmenté de 10 unités simples le plus grand nombre, il faudra que nous augmentions de 10 unités simples le plus petit pour que la différence ne change pas (14). Nous ferons cette augmentation en ajoutant 1 dizaine aux dizaines du plus petit nombre. Retranchons maintenant des dizaines du plus grand nombre les dizaines du plus petit, ainsi augmentées s'il y a lieu. Cette soustraction partielle sera possible ou impossible ; si elle est impossible, nous la rendrons possible, en ajoutant 10 dizaines aux dizaines du plus grand nombre. Écrivons le chiffre résultant de cette soustraction, afin de lui faire exprimer des dizaines, à la gauche du chiffre déjà obtenu. Continuons ainsi, jusqu'à ce que nous ayons retranché des unités des différents ordres du plus grand nombre les unités correspondantes du plus petit. Le nombre ainsi obtenu sera la différence demandée, puisqu'il contiendra les différences des unités des différents ordres des nombres proposés, ou de ces nombres augmentés d'un même nombre.

Pour faciliter les soustractions partielles, on écrit ordinairement le plus petit nombre au dessous du plus grand, de telle sorte que les unités de même ordre se correspondent. On les souligne, puis on écrit au dessous de chaque colonne le chiffre qu'elle fournit. — Voici cette disposition.

$$\begin{array}{r} 30937 \\ 8763 \\ \hline 22174 \end{array}$$

La soustraction des unités simples est possible et donne 4. Celle des dizaines ne l'est pas. On la rend possible en augmentant de 10 dizaines le chiffre supérieur. On obtient ainsi 7. On augmente ensuite de 1 centaine le chiffre inférieur des centaines. La différence des centaines devient ainsi 1, etc.

Dans la pratique on dit : 3 ôté de 7 reste 4 ; 6 ôté de 13 reste 7 et je retiens 1 ; 1 et 7-8, 8 ôté de 9 reste 1, etc. Il vaut mieux pour la rapidité dire simplement : 3 de 7 4, 6 de 13 7, 8 de 9 1, etc.

22174 est le reste demandé.

De ce qui précède on peut conclure la règle générale suivante :

18. Pour trouver la différence de deux nombres quelconques, on écrit le plus petit sous le plus grand, de manière que les unités de même ordre se correspondent. On retranche à partir de la droite successivement chaque chiffre inférieur de son correspondant supérieur ; quand cette soustraction est impossible, on augmente de 10 unités le chiffre supérieur et d'une unité le chiffre suivant inférieur.

On fait la preuve de la soustraction en ajoutant le reste au plus petit nombre ; si l'opération est exacte, la somme doit reproduire le plus grand (13). Voici un autre exemple de soustraction avec sa preuve:

$$\begin{array}{r} 7800564 \\ 432958 \\ \hline 7367606 \\ \hline 7800564 \end{array}$$

Remarque. — Nous avons commencé la soustraction par la droite. On ne peut pas la commencer par la gauche, car les soustractions des chiffres plus grands que leurs correspondants obligeraient à changer les chiffres déjà écrits au reste.

19. Addition et soustraction d'une somme et d'une différence.

On donne aussi le nom de somme à l'expression d'une addition à effectuer. Ainsi $3 + 5 + 8$ est une somme.

On appelle aussi différence l'expression d'un soustraction à effectuer. Ainsi $13—7$ est une différence.

On renferme ces expressions dans des parenthèses, quand on veut indiquer les opérations auxquelles on veut les soumettre.

Les nombres d'une somme s'appellent les parties ou termes de cette somme, et ceux d'une différence les termes de la différence.

Nous établirons les principes suivants :

1° pour ajouter une somme à un nombre, il suffit d'ajouter à ce nombre chaque partie de la somme. Ainsi :

$$45+(3+5+8)=45+3+5+8$$

Nous regarderons ce principe comme évident.

Remarque. — Le procédé que nous venons d'indiquer n'est pas nécessaire; car on pourrait effectuer l'opération proposée, en faisant d'abord la somme $3+5+8$, et l'ajoutant à 45. Quand un procédé n'est pas nécessaire, et n'est pas généralement employé, on l'indique en disant qu'il est suffisant.

2° Pour ajouter une différence à un nombre, il suffit d'ajouter à ce nombre le premier terme de la différence et de retrancher le second. Ainsi :

$$45+(9-4)=45+9-4$$

En effet ajoutons d'abord 9 à 45 ; on a $45+9$. Mais ce n'est pas 9 qu'il faut ajouter, c'est 9 diminué de 4. Le résultat $45+9$ est évidemment trop fort de 4. Il faut donc le diminuer de 4, ce qui donne $45+9-4$.

3° Pour retrancher une somme d'un nombre, il suffit de retrancher de ce nombre chaque partie de la somme. Ainsi

$$45-(3+5+8)=45-3-5-8$$

Nous regarderons ce principe comme évident.

4° Pour retrancher une différence d'un nombre, il suffit de retrancher de ce nombre le premier terme de la différence et d'ajouter le second. Ainsi

$$45-(9-4)=45-9+4$$

En effet retranchons d'abord 9 de 45, on a $45-9$. Mais ce n'est pas 9 que l'on a à retrancher, c'est 9 diminué de 4. Le résultat $45-9$ est évidemment trop fort de 4. Il faut donc l'augmenter de 4, ce qui donne $45-9+4$.

En raisonnant de la même manière on trouverait que

$$45-(9-4-3)=45-9+4+3$$

CHAPITRE IV

MULTIPLICATION

20. La multiplication est une opération qui a pour but de répéter un nombre appelé multiplicande autant de fois qu'il y a d'unités dans un autre nombre appelé multiplicateur. Le résultat s'appelle produit. Le multiplicande et le multiplicateur s'appellent facteurs. Le signe de la multiplication est $\times$, que l'on énonce multiplié par. Ainsi, pour indiquer la multiplication de 49 par 15, on écrit 49×15, que l'on énonce 49 multiplié par 15.

Nous allons démontrer un certain nombre de théorèmes, relatifs à la multiplication, et dont la plupart nous serviront pour la théorie de cette opération.

21. Théorème. — Pour multiplier une somme par un nombre, il suffit de multiplier chaque partie de cette somme par ce nombre.

Ainsi

$$(5+7+9) \times 3 = 5 \times 3 + 7 \times 3 + 9 \times 3$$

En effet, le produit de $(5+7+9) \times 3$ est égal, d'après la définition de la multiplication, à la somme de 3 quantités égales à $5+7+9$ faisons cette somme.

$$\begin{array}{ccccc}
5 & + & 7 & + & 9 \\
5 & + & 7 & + & 9 \\
5 & + & 7 & + & 9 \\
5 & + & 7 & + & 9 \\
\hline
\multicolumn{5}{c}{5 \times 3 + 7 \times 3 + 9 + 3}
\end{array}$$

On obtient $5 \times 3 + 7 \times 3 + 9 \times 3$. Donc $(5+7+9) \times 3 = 5 \times 3 + 7 \times 3 + 9 \times 3$.

Remarque I. — On sous-entend ordinairement le signe $\times$ après ou avant une parenthèse. Ainsi $(5+7+9) \times 3$ s'écrit ordinairement $(5+7+9)\,3$.

On appelle égalité deux quantités quelconques séparées par

le signe $=$. Les quantités ainsi séparées s'appellent les deux membres de l'égalité. Ainsi

$$(5+7+9)\,3=5\times 3+7\times 3+9\times 3$$

est une égalité.

On peut évidemment intervertir les deux membres d'une égalité sans l'altérer; de sorte que l'on a $5\times 3+7\times 3+9\times 3 = (5+7+9)\,3$.

22. Remarque II. — Quand on remplace ainsi une somme, dont toutes les parties contiennent un même nombre en facteur, par la multiplication de la somme de ces parties, abstraction faite de ce nombre, par ce nombre, on dit qu'on met ce nombre en facteur commun.

On appelle aussi produit, l'expression de la multiplication de plusieurs facteurs; comme $3\times 5\times 9\times 4$. Cette expression signifie que l'on doit multiplier 3 par 5 puis le nombre obtenu par 9, etc.

23. Théorème. — Un produit de deux facteurs ne change pas quand on intervertit l'ordre de ses facteurs. Ainsi

$$4\times 3=3\times 4$$

En effet, on a $4=1+1+1+1$. On regarde comme évident, qu'on n'altère pas une égalité en multipliant ses deux membres par un même nombre. On aura donc

$$4\times 3=(1+1+1+1)\,3$$

par suite

$$4\times 3=1\times 3+1\times 3+1\times 3+1\times 3 \qquad (21),$$

ou

$$4\times 3=3+3+3+3,$$

ou bien

$$4\times 3=3\times 4.$$

24. Théorème. — Un produit de plusieurs facteurs ne change pas, quand on intervertit l'ordre de ses deux derniers facteurs. Ainsi

$$9\times 7\times 4\times 6=9\times 7\times 6\times 4.$$

En effet, désignons par p le produit effectué de 9×7. On aura d'après la définition de la multiplication

$$p\times 4=p+p+p+p,$$
$$p\times 4\times 6=p\times 6+p\times 6+p\times 6+p\times 6 \qquad (21),$$
$$p\times 4\times 6=p\times 6\times 4.$$

En remplaçant maintenant dans la dernière égalité p par 9×7, on a $9\times 7\times 4\times 6=9\times 7\times 6\times 4$.

25. Théorème. — Un produit de plusieurs facteurs ne change pas, quand on intervertit l'ordre de deux facteurs consécutifs. Ainsi

$$9\times 7\times 4\times 6=9\times 4\times 7\times 6$$

En effet, on a

$$9\times 7\times 4=9\times 4\times 7 \qquad (24),$$

d'où

$$9\times 7\times 4\times 6=9\times 4\times 7\times 6.$$

26. Corollaire. — Un produit de plusieurs facteurs ne change pas, quand on intervertit d'une manière quelconque l'ordre des facteurs. Car on peut échanger un facteur quelconque avec celui qui le suit ou le précède. On peut de même l'avancer ou le reculer d'un autre rang, et ainsi de suite, jusqu'à ce qu'il occupe la place que l'on désire.

27. Théorème. — Pour multiplier un nombre par le produit effectué de plusieurs facteurs, il suffit de multiplier ce nombre successivement par les facteurs du produit.

Ainsi désignons par p le produit effectué de $2\times 3\times 4$; je dis que

$$5\times p=5\times 2\times 3\times 4.$$

En effet, on a

$$5\times p=p\times 5 \qquad (23);$$

d'où, par définition

$$5\times p=2\times 3\times 4\times 5,$$
$$5\times p=5\times 2\times 3\times 4. \qquad (26).$$

28. Corollaire I. — On peut dans un produit de plusieurs facteurs remplacer un certain nombre d'entre eux par leur produit effectué. Ainsi en désignant par p le produit effectué de $3\times 4\times 5$, on a $7\times 3\times 4\times 5\times 9=7\times p\times 9$. Car $7\times 3\times 4\times 5=7\times p$ (27); par suite $7\times 3\times 4\times 5\times 9=7\times p\times 9$.

29. Corollaire II. — Pour multiplier un produit de plusieurs facteurs par un nombre, il suffit de multiplier l'un des facteurs par ce nombre. Ainsi, en désignant par p le produit de 3×5, on a $(2\times 3\times 7)\,5=2\times p\times 7$; car par définition $(2\times 3\times 7)$

$5 = 2 \times 3 \times 7 \times 5$, d'où $(2 \times 3 \times 7)\,5 = 2 \times 3 \times 5 \times 7$ (26), et $(2 \times 3 \times 7)\,5 = 2 \times p \times 7$ (28).

30. Corollaire III. — Pour multiplier deux produits de plusieurs facteurs, il suffit de former un produit unique avec les facteurs des deux produits. Ainsi $(3 \times 5 \times 8)(6 \times 2 \times 9) = 3 \times 5 \times 8 \times 6 \times 2 \times 9$, car supposons le second produit effectué et désignons-le par p, on aura par définition $(3 \times 5 \times 8)\,p = 3 \times 5 \times 8 \times p$, d'ou $3 \times 5 \times 8 \times p = 3 \times 5 \times 8 \times 6 \times 2 \times 9$ (28).

31. Théorème. — Pour multiplier un nombre par une somme, il suffit de multiplier ce nombre par chaque partie de la somme.

Ainsi

$$8\,(5 + 3 + 7) = 8 \times 5 + 8 \times 3 + 8 \times 7.$$

En effet, on a

$$8\,(5 + 3 + 7) = (5 + 3 + 7)\,8 \qquad (23);$$

d'où

$$8\,(5 + 3 + 7) = 5 \times 8 + 3 \times 8 + 7 \times 8 \ (21),$$
$$8\,(5 + 3 + 7) = 8 \times 5 + 8 \times 3 + 8 \times 7 \ (23).$$

Même remarque que celle du n° 22.

32. Théorème. — Pour multiplier deux sommes, il suffit de multiplier la première par chaque partie de la seconde.

Ainsi

$$(3 + 7 + 5)\,(4 + 9) = 3 \times 4 + 7 \times 4 + 5 \times 4 + 3 \times 9 + 7 \times 9 + 5 \times 9.$$

En effet, désignons par s la première somme effectuée. On aura

$$s\,(4 + 9) = s \times 4 + s \times 9 \qquad (31),$$

et en remplaçant dans cette égalité s par $3 + 7 + 5$, on a

$$(3 + 7 + 5)\,(4 + 9) = (3 + 7 + 5)\,4 + (3 + 7 + 5)\,9;$$

d'où

$$(3 + 7 + 5)\,(4 + 9) = (3 \times 4 + 7 \times 4 + 5 \times 4) + (3 \times 9 + 7 \times 9 + 5 \times 9) \ (21),$$
$$(3 + 7 + 5)\,(4 + 9) = 3 \times 4 + 7 \times 4 + 5 \times 4 + 3 \times 9 + 7 \times 9 + 5 \times 9 \ (19).$$

33. Théorème. — Pour multiplier une différence par un nombre, il suffit de multiplier successivement chaque partie de la différence par ce nombre.

Ainsi

$$(9 - 5)\,3 = 9 \times 3 - 5 \times 3.$$

En effet, le produit $(9 - 5)\,3$ est égal par définition à la somme de 3 quantités égales à $9 - 5$. Effectuons cette somme

$$\begin{array}{c} 9 - 5 \\ 9 - 5 \\ 9 - 5 \\ \hline 9 \times 3 - 5 \times 3 \end{array}$$

On obtient $9 \times 3 - 5 \times 3$. Donc $(9 - 5)\,3 = 9 \times 3 = 5 \times 3$

Même remarque que celle du n° 22.

34. Théorème. Pour multiplier un nombre par une différence, il suffit de multiplier ce nombre successivement par chaque terme de cette différence et de retrancher le second résultat du premier. Ainsi

$$7\,(8 - 3) = 7 \times 8 - 7 \times 3$$

En effet, on a

$$7\,(8 - 3) = (8 - 3)\,7 \;(23)\,;$$

d'où

$$7\,(8 - 3) = 8 \times 7 - 3 \times 7,$$
$$7\,(8 - 3) = 7 \times 8 - 7 \times 3 \;(23).$$

Même remarque que celle du n° 22.

35. Théorème. Pour multiplier deux différences, il suffit de multiplier la première par chaque terme de la seconde et de retrancher le second résultat du premier. Ainsi.

$$(7 - 3)\,(9 - 5) = 7 \times 9 - 3 \times 9 - 7 \times 9 + 3 \times 5.$$

En effet désignons par d la valeur de la première différence effectuée ; on aura $d\,(9 - 5) = d \times 9 - d \times 5$ (34), et en remplaçant dans cette égalité d par $7 - 3$, on a

$$(7 - 3)\,(9 - 5) = (7 - 3)\,9 - (7 - 3)\,5\,;$$

d'où

$$(7 - 3)\,(9 - 5) = (7 \times 9 - 3 \times 9) - (7 \times 5 - 3 \times 5) \;(33),$$
$$(7 - 3)\,(9 - 5) = 7 \times 9 - 3 \times 9 - 7 \times 5 + 3 \times 5 \;(19).$$

On démontrerait de même que, pour multiplier une somme par une différence, il suffit de multiplier la somme par chaque terme de la différence et de retrancher le second résultat du premier.

La multiplication présente trois cas : 1° la multiplication d'un nombre d'un seul chiffre par un nombre d'un seul chiffre ; 2° la multiplication d'un nombre de plusieurs chiffres par un nombre d'un seul chiffre ; 3° la multiplication d'un nombre de plusieurs chiffres par un nombre de plusieurs chiffres.

36. Premier cas. — Soit à multiplier 5 par 3.

D'après la définition de la multiplication et le théorème (23), le produit s'obtiendra en répétant 5 3 fois, ou 3 5 fois. On voit alors que le procédé le plus simple consiste à faire la somme d'autant de nombres égaux au plus grand facteur qu'il y a d'unités dans l'autre. Le produit sera donc égal à 5 + 5 + 5 ou 15. Il est essentiel de savoir par cœur les produits de deux nombres quelconques d'un seul chiffre. Ces produits se trouvent renfermés dans le tableau suivant, appelé table de multiplication.

1	2	3	4	5	6	7	8	9
2	4	6	8	10	12	14	16	18
3	6	9	12	15	18	21	24	27
4	8	12	16	20	24	28	32	36
5	10	15	20	25	30	35	40	45
6	12	18	24	30	36	42	48	54
7	14	21	28	35	42	49	56	63
8	16	24	32	40	48	56	64	72
9	18	27	36	45	54	63	72	81

Pour former cette table, on multiplie chaque chiffre de la première tranche horizontale par chaque chiffre de la première tranche verticale, et on écrit le produit au point de rencontre des nouvelles tranches verticale et horizontale, qui partent des chiffres considérés. On la lit ainsi : 2 fois 2 — 4, 2 fois 3 — 6, 2 fois 9 — 18 ; 3 fois 2 — 6, 3 fois 3 — 9, 3 fois 9 — 27, etc.

37. Nous ferons maintenant cette remarque, que l'on a souvent occasion d'appliquer et qui nous servira pour le cas suivant : on multiplie un nombre par l'unité suivie d'un ou de plusieurs zéros en écrivant à la droite de ce nombre autant de zéros qu'il y en a après l'unité. Ainsi $234 \times 100 = 23400$; car le 4, qui exprime des unités dans le premier membre de la précédente égalité, exprime des centaines dans le second, c'est-à-dire des unités 100 fois plus grandes. De même le 3, qui exprime des dizaines dans le premier nombre, exprime des mille dans le second, c'est-à-dire des unités 100 fois plus grandes, etc. Chaque chiffre de 234 étant cent fois plus grand dans 23400, il en résulte que 23400 est le produit de 234 par 100 (21).

38. Deuxième cas. — Soit à multiplier 6736 par 5.
On a

$$6736 = 6000 + 700 + 30 \times 6 ;$$

par conséquent

$$6736 \times 5 = (6000 + 700 + 30 + 6) 5,$$
$$6736 \times 5 = 6000 \times 5 + 700 \times 5 + 30 \times 5 + 6 \times 5 \text{ (21)},$$
$$6736 \times 5 = 6 \times 1000 \times 5 + 7 \times 100 \times 5 + 3 \times 10 \times 5 + 6 \times 5 \text{ (28) (37)},$$
$$6736 \times 5 = 6 \times 5 \times 1000 + 7 \times 5 \times 100 + 3 \times 5 \times 10 + 6 \times 5 \text{ (26)}.$$

D'après cette dernière égalité, on multiplie un nombre de plusieurs chiffres par un nombre d'un seul chiffre en multipliant chaque chiffre du multiplicande par le chiffre du multiplicateur, faisant exprimer à chaque produit partiel les unités du chiffre du multiplicande et ajoutant les produits partiels. Ces multiplications et ces additions se font simultanément, en multipliant de droite à gauche successivement chaque chiffre du multiplicande par le chiffre du multiplicateur, écrivant à la gauche les uns des autres les chiffres qui expriment les unités simples de chaque produit partiel, et reportant les dizaines au produit suivant. On dispose l'opération de la manière suivante :

$$\begin{array}{r} 6736 \\ 5 \\ \hline 33680 \end{array}$$

Le produit partiel des unités simples du multiplicande par le chiffre du multiplicateur est 30 qui vaut 0 unités simples plus

3 dizaines, on écrit 0 et on retient 3 dizaines pour les ajouter au produit suivant. Le produit partiel des dizaines du multiplicande par le chiffre du multiplicateur est 15 dizaines, qui augmentées des 3 dizaines retenues donnent 18 dizaines. Ces 18 dizaines valent 8 dizaines plus 1 centaine. On écrit 8, afin de lui faire exprimer des dizaines, à la gauche du 0 déjà obtenu, et on retient une centaine pour l'ajouter au produit suivant ; et ainsi de suite jusqu'au dernier produit partiel, que l'on écrit tel qu'on le trouve, après l'avoir augmenté de la retenue précédente, s'il y en a.

Dans la pratique on dit 5 fois 6 30, je pose 0 et je retiens 3; 5 fois 3 15 et 3 de retenue 18, je pose 8 et je retiens 1, etc. 33680 est le produit demandé.

Règle. — Pour multiplier un nombre de plusieurs chiffres par un nombre d'un seul chiffre, on multiplie de droite à gauche successivement chaque chiffre du multiplicande par le chiffre du multiplicateur ; on écrit à la gauche les uns des autres les chiffres qui expriment les unités simples de chaque produit partiel, et on retient les dizaines pour les ajouter au produit suivant ; et ainsi de suite jusqu'au dernier produit partiel, que l'on écrit, après l'avoir augmenté de la retenue précédente, s'il y a lieu, tel qu'on le trouve.

39. Troisième cas. — Soit à multiplier 7836 par 587.

On a

$$587 = 500 + 80 + 7\ ;$$

par conséquent

$$7836 \times 587 = 7836\ (500 \times 80 \times 7),$$

$$7836 \times 587 = 7836 \times 500 + 7836 \times 80 + 7836 \times 7\ (21),$$

$$7836 \times 587 = 7836 \times 5 \times 100 + 7836 \times 8 \times 10 + 7836 \times 7\ (28)\ (37).$$

D'après cette dernière égalité, on multiplie un nombre de plusieurs chiffres par un nombre de plusieurs chiffres en multipliant le multiplicande par chaque chiffre du multiplicateur, faisant exprimer à chaque produit partiel des unités de même ordre que celles du chiffre du multiplicateur, qui a servi à l'obtenir, et ajoutant ces produits.

Pour faciliter ces opérations, on écrit le multiplicateur sous le multiplicande, de telle sorte que les unités de même ordre se correspondent : on multiplie le multiplicande successivement par chaque chiffre du multiplicateur à partir de la droite (38), on écrit les produits partiels les uns au dessous des autres, de telle sorte que le premier chiffre de chacun d'eux se trouve au-dessous du chiffre du multiplicateur qui l'a fourni, et on additionne ces produits comme dans l'exemple suivant :

```
   7836
    587
-------
  54852
 62688
39180
-------
4599732
```

On voit, d'après cette disposition, que chaque produit partiel exprime des unités du même ordre que celles du chiffre du multiplicateur, qui l'a fourni 4599732 est donc le produit demandé.

De ce qui précède, on peut conclure la règle générale suivante :

40. Pour multiplier deux nombres quelconques, on écrit le multiplicateur, sous le multiplicande, de telle sorte que les unités de même ordre se correspondent, on souligne. Puis, on multiplie successivement à partir de la droite le multiplicande par chaque chiffre du multiplicateur, et on écrit le premier chiffre de chaque produit partiel au dessous du chiffre du multiplicateur qui l'a fourni. On fait la somme des produits partiels, et cette somme est le produit cherché.

On fait la preuve de la multiplication en multipliant le multiplicateur par le multiplicande. Si l'opération est exacte, le nouveau produit doit être le même que le premier. Voici un autre exemple de multiplication accompagné de sa preuve.

```
   Opération          Preuve

      783049            50934
       50934           783049
 -----------      -----------
      132196           458406
    2349147           203736
   7047441           152802
 3915245           407472
 -----------      356538
 39883817766      -----------
                  39883817766
```

Remarque I. — On ne peut pas commencer la multiplication

par la gauche, parce que les retenues obligeraient à changer les chiffres déjà écrits aux produits partiels.

41. Remarque II. — Lorsque l'un des facteurs ou tous les deux sont terminés par des zéros, on fait abstraction de ces zéros dans la multiplication. On écrit ensuite à la droite du produit autant de zéros qu'il y en a dans les deux facteurs.

Soit 537000 à multiplier par 4900.

On a

$$537000 \times 4900 = (537 \times 1000)\ (49 \times 100)\quad (28),$$
$$537000 \times 4900 = 537 \times 1000 \times 49 \times 100\quad (30),$$
$$537000 \times 4900 = 537 \times 49 \times 1000 \times 100\quad (26).$$

D'après cette dernière égalité, on obtiendra le produit en multipliant 537 par 49 et ajoutant 5 zéros au résultat. Voici l'opération.

```
     537000
       4900
 ----------
   4833
  2148
 ----------
 2631300000
```

2631300000 est le produit demandé.

42. Remarque III. — Un produit de deux facteurs a au plus autant de chiffres qu'il y en a dans les deux facteurs, ou au moins ce nombre de chiffre moins un.

Ainsi le produit de 4276 multiplié par 735 a au plus 7 chiffres ou au moins 6.

En effet 735 étant compris entre 100 et 1000, le produit 4276×735 est compris entre 4276×100 et 4276×1000, ou entre 427600 et 4276000. Or les nombres compris entre 427600 et 4276000 ont évidemment 6 ou 7 chiffres et ne peuvent en avoir ni moins, ni plus. Donc le produit qui se trouve compris dans ces nombres aura au plus 7 chiffres, ou au moins 6.

CHAPITRE V

DIVISION.

43. La division est une opération qui a pour but, étant donnés le produit de deux facteurs et l'un d'eux, de trouver l'autre. Le produit donné s'appelle alors dividende, le facteur donné diviseur, et le facteur demandé quotient.

Le signe de la division est : que l'on énonce divisé par. Ainsi pour indiquer la division de 57 par 9, on écrit 57 : 9, que l'on énonce 57 divisé par 9. On se sert aussi pour indiquer la division d'un trait, au-dessus duquel on écrit le dividende et au-dessous le diviseur. Ainsi $\frac{57}{9}$, que l'on énonce ordinairement 57 sur 9, signifie encore 57 divisé par 9,

On appelle multiple d'un nombre le produit de ce nombre par un nombre entier quelconque. Ainsi 5×3 ou 15 est à la fois un multiple de 5 et de 3.

Remarque. — Nous avons déjà représenté des nombres par des lettres. Nous représenterons souvent les nombres de cette manière dans les démonstrations. Seulement au lieu de faire représenter aux lettres des nombres particuliers, comme dans les cas précédents; nous supposerons le plus souvent qu'elles désignent soit un nombre entier quelconque, soit un nombre fractionnaire quelconque, soit un nombre incommensurable quelconque, soit un quelconque de ces trois sortes de nombres. Nous aurons soin d'indiquer dans chaque cas le sens que nous attachons ainsi aux lettres. Les démonstrations, au lieu de s'appliquer à des nombres particuliers, s'appliqueront alors à plusieurs nombres, et auront l'avantage d'être plus générales.

Il ne faudrait pas croire qu'en nous servant ainsi de lettres pour représenter les nombres et par suite pour représenter les quantités, nous passions du domaine de l'arithmétique dans celui de l'algèbre, où l'on représente principalement les quantités par des lettres. Ce n'est pas en employant ainsi les lettres que l'algèbre se distingue de l'arithmétique ; mais en les employant à exprimer aussi des quantités dites négatives, dont nous ne parlerons pas en arithmétique.

On voit, que la division est l'opération inverse de la multiplication.

44. Il résulte de la définition de la division que le produit du diviseur par le quotient doit être égal au dividende. Si nous désignons le dividende par a, le diviseur par b, le quotient par q; on devra avoir la relation $a = b \times q$. (a, b, q sont ici supposés représenter des nombres entiers; toutes les lettres dont nous nous servirons dans ce livre, seront toujours supposées représenter des nombres entiers). Dans le produit $b \times q$, on peut arbitrairement considérer q comme le multiplicande ou le multiplicateur. Si on considère q comme le multiplicande, on voit que la division a pour but de trouver un nombre qui, répété autant de fois qu'il y a d'unités dans le diviseur, reproduise le dividende ; et si on considère q comme le multiplicateur, on voit que la division a pour but de trouver le nombre de fois que l'on doit répéter le diviseur, pour reproduire le dividende. C'est pourquoi on définit aussi la division : une opération qui a pour but de partager un nombre appelé dividende en autant de parties égales qu'il y a d'unités dans un autre nombre appelé diviseur ; ou bien une opération qui a pour but de chercher combien de fois un nombre appelé dividende en contient un autre appelé diviseur.

La division présente trois cas : 1° le cas où le diviseur et le quotient n'ont chacun qu'un chiffre ; 2° le cas où le diviseur a plusieurs chiffres et le quotient un ; 3° le cas où le diviseur a un ou plusieurs chiffres et le quotient plusieurs.

45. Premier cas. Soit à diviser 35 par 7.

On reconnaît immédiatement que le quotient n'a qu'un chiffre ; car si on multiplie 7 par le plus petit nombre de deux chiffres, qui est 10, on a pour produit $70 > 35$. Le quotient est donc plus petit que 10 et n'a qu'un chiffre.

Pour trouver ce quotient, il suffit de savoir par cœur la table de multiplication; car si on sait que 5 fois 7 font 35, on sait aussi que 35 divisé par 7 donne 5 pour quotient.

46. Remarque I. Il arrive le plus souvent que le dividende n'est pas égal à un multiple du diviseur. On ne peut donc pas alors exprimer exactement le quotient par un nombre entier. On se propose alors de chercher le plus grand nombre de fois que le diviseur est contenu dans le dividende.

Ainsi soit à diviser 53 par 8, 53 tombe entre 6 fois 8 ou 48 et 7 fois 8 ou 56 ; le quotient tombe donc entre 6 et 7. C'est 6 par défaut et 7 par excès, avec une erreur dans les deux cas plus petite que 1. On prend alors le quotient par défaut, et on dit que la division donne un reste, qui est la différence entre le dividende et le produit du diviseur par ce quotient. Ainsi le quotient de 53 par 8 est 6, et le reste est $53 - 8 \times 6 = 5$, le reste doit toujours être plus petit que le diviseur ; autrement le diviseur serait contenu un plus grand nombre de fois dans le dividende, et le quotient ne serait pas le quotient cherché.

47. Remarque II. — Quand la division donne un reste, le dividende est égal au produit du diviseur par le quotient plus le reste. Celà résulte de ce que le reste est la différence entre le dividende et le produit du diviseur par le quotient. En désignant alors le dividende par a, le diviseur par b, le quotient par q, le reste par r, on a la relation $a = b \times q + r$.

Le quotient obtenu comme nous venons de l'indiquer n'est pas exact, et l'erreur commise est plus petite que 1, on dit alors que le quotient est obtenu à une unité près, ou à moins d'une unité. Lorsque le dividende ne sera pas égal à un multiple du diviseur, nous nous proposerons dans ce livre de trouver le quotient à moins d'une unité ; c'est-à-dire le quotient qu'on obtiendrait en remplaçant le dividende par le plus grand multiple du diviseur qui s'y trouve contenu.

Nous allons démontrer quelques théorèmes relatifs à la division, et dont certains nous serviront pour la théorie de cette opération.

48. Théorème. — Pour diviser une somme par un nombre, il suffit, si les divisions se font sans reste, de diviser chaque partie de la somme par ce nombre.

Ainsi les quotients de 18, 30, 54 par 6 étant exactement 3, 5, 9, je dis que $\frac{18 + 30 + 54}{6} = 3 + 5 + 9$.

En effet

$$6\,(3 + 5 + 9) = 6 \times 3 + 6 \times 5 + 6 \times 9 \quad (31),$$
$$6\,(3 + 5 + 9) = 18 + 30 + 54 \quad (44).$$

Le produit du diviseur 6 par $3 + 5 + 9$ reproduisant le dividende $18 + 30 + 54$, il en résulte que $3 + 5 + 9$ est le quotient demandé.

49. Théorème. — Pour diviser un produit de plusieurs facteurs par un nombre, il suffit, si la division se fait sans reste, de diviser l'un des facteurs par ce nombre.

Ainsi 4 étant le quotient exact de $\frac{24}{6}$, je dis que

$$\frac{7 \times 24 \times 5}{6} = 7 \times 4 \times 5.$$

En effet

$$7 \times 24 \times 5 = 7 \times 6 \times 4 \times 5 \quad (28),$$
$$7 \times 24 \times 5 = 7 \times 4 \times 5 \times 6 \quad (26),$$
$$\frac{7 \times 24 \times 5}{6} = \frac{7 \times 4 \times 5 \times 6}{6}.$$

Le second membre de cette dernière égalité signifie qu'il fau d'abord multiplier le produit $7 \times 4 \times 5$ par 6 et puis diviser le résultat par 6 ; ce qui, d'après la définition de la division (43), doit reproduire $7 \times 4 \times 5$. Donc $\frac{7 \times 24 \times 5}{6} = 7 \times 4 \times 5$.

Corollaire. — Pour diviser un produit par un de ses facteurs, il suffit de supprimer ce facteur dans le produit. Ainsi
$\frac{6 \times 4 \times 3}{4} = 6 \times 3$; car $\frac{6 \times 4 \times 3}{4} = 6 \times 1 \times 3$ (49),
ou bien $\frac{6 \times 4 \times 3}{4} = 6 \times 3$.

50. Théorème. — Lorsqu'on multiplie le dividende et le diviseur par un même nombre, le quotient ne change pas, mais le reste est multiplié par ce nombre.

En effet, soit a le dividende, b le diviseur, q le quotient, r le reste ; on a la relation $a = b \times q + r$.

On regarde comme évident qu'une égalité n'est pas altérée, quand on multiplie ou divise ses deux membres par un même nombre. Multiplions les deux membres de cette égalité par c, on aura

$$a \times c = b \times q \times c + r \times c \quad (21),$$
$$a \times c = b \times c \times q + r \times c \quad (26).$$

Nous représenterons dans la suite le produit effectué de plusieurs facteurs désignés par des lettres, en supprimant le signe de la multiplication ; ainsi $a\,b\,c$ signifiera le produit effectué de $a \times b \times c$. D'après cette convention, nous pourrons écrire l'égalité précédente sous la forme $ac = bc \times q + rc$.

Nous remarquerons maintenant que r étant plus petit que b, rc est plus petit que bc. On voit alors d'après l'égalité précédente, que ac divisé par bc donnera q pour quotient et rc pour reste.

51. Théorème. — Lorsqu'on divise le dividende et le diviseur par un même nombre, et que les divisions se font sans reste, le quotient ne change pas et le reste est divisé par ce nombre.

En effet de la relation $a = b \times q + r$ on tire, en multipliant les deux membres par c, $ac = bc \times q + rc$ (50).

La première relation exprime que q est le quotient de a divisé par b et r le reste, la seconde que q est le quotient de ac par bc et rc le reste ; mais a, b, r sont évidemment les quotients exacts de la division de ac, bc, rc, par c ; donc lorsqu'on divise le dividende et le diviseur par un même nombre, et que les divisions se font sans reste, le quotient ne change pas et le reste est divisé par ce nombre.

52. Théorème. Pour diviser un nombre par le produit effectué de plusieurs facteurs, il suffit de diviser ce nombre successivement par les facteurs du produit.

Soit à diviser le nombre n par le produit effectué abc, désignons par q le quotient de n par a, par r le reste ;
par q' le quotient de q par b, par r' le reste ;
par q'' le quotient de q' par c, par r'' le reste ;
je dis que q'' est le quotient de n par abc.
En effet on a

$$n = a \times q + r \quad (A),$$
$$q = b \times q' + r' \quad (B),$$
$$q' = c \times q'' + r'' \quad (C),$$

Remplaçons dans l'égalité (A) q par sa valeur tirée de (B), il vient

$$n = a \times b \times q' + a \times r' + r \; ; \quad (D)$$

remplaçons dans (D) q' par sa valeur tirée de (C); on a

$$n = a \times b \times c \times q'' + a \times b + r'' + a \times r' + r. \quad (E)$$

La plus grande valeur que puisse avoir r est $a - 1$, (46) celle de r' est $b - 1$, celle de r'' est $c - 1$; en remplaçant dans (E) les restes par leurs plus grandes valeurs on a ;

$$n = a \times b \times c \times q'' + a \times b \times c - a \times b + a \times b - a$$
$$+ a - 1 \quad (34),$$
$$n = abcq'' + abc - 1.$$

$abc - 1$ étant plus petit que abc, q'' est le quotient de n par abc.

54. Nous ferons maintenant remarquer que, lorsque sur la droite d'un nombre terminé par des zéros, on supprime un ou plusieurs zéros, le nombre se trouve divisé par l'unité suivie d'autant de zéros que l'on en a supprimé. Ainsi 370 = 37000 : 100 ; car chaque chiffre significatif de 370 est évidemment 100 fois plus petit que dans 37000. D'où il résulte que chaque chiffre significatif de 370 est le quotient de la division par 100 de ce même chiffre dans 37000 ; car, d'après la définition de la division (43), diviser un nombre par 100, c'est aussi trouver un nombre 100 fois plus petit. Par conséquent 370 = 37000 : 100 (48).

55. Deuxième cas. — Soit à diviser 2963 par 485.

On reconnaît immédiatement que le quotient n'a qu'un chiffre; car $485 \times 10 = 4850 > 2963$.

Le quotient n'ayant qu'un chiffre, nous pouvons considérer le dividende comme la somme des produits partiels des unités simples, dizaines et centaines du diviseur par les unités du quotient ; plus un reste, s'il y en a, plus petit que le diviseur (47) (38). Si nous pouvions détacher du dividende l'un de ces produits partiels, en le divisant par les unités du diviseur, qui ont servi à le former, nous obtiendrions évidemment les unités du quotient. Or le produit des 4 centaines du diviseur par les unités du quotient est un nombre exact de centaines (37). Ce produit ne peut donc être contenu que dans les 29 centaines du dividende. Mais les 29 centaines du dividende peuvent en outre contenir des centaines provenant des retenues des autres produits partiels et du reste. Donc en divisant 2900 par 400, nous obtiendrons le chiffre exact du quotient, ou un chiffre trop fort. Le quotient de 2900 par 400 est égal à celui de 29 par 4 (51) et (54), que nous savons être 7 (45); 7 sera donc le chiffre cherché, ou un chiffre trop fort. Pour le vérifier multiplions le diviseur par 7, et examinons si le produit 3395 peut se soustraire du dividende. Si la soustraction est possible, 7 ne sera pas évidemment trop fort, 3395 étant plus grand que 2963, la soustraction est impossible ; 7 est donc trop fort. Diminuons 7 d'une unité et esssayons 6 de la même manière. Le produit du diviseur par 6 est $2910 < 2963$. 6 est donc le chiffre exact du quotient. En retranchant 2910 de 2963, on obtient 53 pour le reste de la division.

On dispose de la manière suivante :

2963	485
2910	6
53	

Dans la pratique on se dispense ordinairement d'écrire le produit du diviseur par le chiffre du quotient. On retranche du dividende ce produit, à mesure qu'on le forme. L'opération prend alors cette nouvelle disposition.

2963	485
53	6

On dit en 29 combien de fois 4, il y va 6 fois, 6 fois 5 30, de 33 3 et je retiens 3, 6 fois 8 48 et 3 51, de 56 5 et je retiens 5, 6 fois 4 24 et 5 29, de 29 zéro.

Règle. Pour faire la division, lorsque le diviseur a plusieurs chiffre et le quotient un. On sépare sur la droite du dividende autant de chiffres moins un, qu'il y en a dans le diviseur. On divise le nombre restant à gauche par le premier chiffre à gauche du diviseur. On obtient ainsi le chiffre exact du quotient ou un chiffre trop fort. Pour le vérifier, on multiplie le diviseur par ce chiffre, si le produit peut se retrancher du dividende, le chiffre est exact, si la soustraction est impossible, on diminue successivement le chiffre d'une unité jusqu'à ce qu'elle soit possible ; quand elle est possible le chiffre essayé est exact.

56. Remarque. — La crainte de placer un chiffre trop fort au quotient, peut en faire placer un trop faible. On reconnait que le chiffre est trop faible lorsque le reste est plus grand que le diviseur (46). On peut diminuer d'ailleurs les tatonnements, en multipliant seulement les deux premiers chiffres à gauche du diviseur par le chiffre qu'on essaye, et examinant sans écrire d'abord aucun chiffre, si le produit peut se retrancher de la partie correspondante du dividende. Si la soustraction peut se faire le chiffre essayé est généralement le chiffre exact. On le soumet alors à une vérification complète. Ainsi dans la division de 28645 par 3928, 28 divisé par 3 donne d'abord 9. On dira alors sans rien écrire 9 fois 9 81, de 86 6 et je retiens 8 ; 9 fois 3 27 et 8 35, qu'on ne peut retrancher de 28. On reconnait de la même manière que 8 est trop fort. Mais le produit de 39 par 7 peut se soustraire de 286. Nous allons donc vérifier 7 complétement, en l'écrivant et écrivant aussi les chiffres du reste. On trouve alors que le produit de 3928 par 7 peut se soustraire du dividende ; le quotient est donc 7, le reste est 1149.

Au lieu de multiplier les deux premiers chiffres à gauche du diviseur par le chiffre essayé, on en pourrait multiplier un de plus pour plus de sûreté. Car il arrive quelquefois, que la soustraction du produit des deux premiers chiffres est possible sans que le chiffre essayé soit exact ; comme dans la division de 48169 par 6895. Le produit de 68 par 7 peut se soustraire de 481, et cependant 7 est trop fort. Ce que l'on aurait reconnu, si l'on avait essayé de soustraire le produit 689×7 de 4816. Le quotient est 6 et le reste 6799.

On ne considère ordinairement que les deux premiers chiffres à gauche du diviseur. On n'en considère trois que lorsque, l'essai par les deux premiers ayant réussi, on a néanmoins des doutes sur l'exactitude du chiffre essayé, à cause de la faiblesse du reste et de la grandeur du troisième chiffre, comme cela se présente dans l'exemple précédent.

On appelle inégalité l'expression de l'inégalité de deux quantités à l'aide de l'un des signes $<$ ou $>$, ainsi $37 > 9$ est une inégalité. Les quantités séparées par l'un de ces signes s'appellent les membres de l'inégalité.

On regarde comme évident, qu'on n'altère pas une inégalité; quand on multiplie, ou divise ses deux membres par un même nombre.

57. Troisième cas. Soit d'abord à diviser 736854 par 853.

Le quotient aura plusieurs chiffres; car $853 \times 10 = 8530 <$ 736854.

Déterminons d'abord le nombre des chiffres du quotient. Pour cela, écrivons des zéros à la droite du diviseur, jusqu'à ce que nous ayons obtenu un nombre plus grand que le dividende. On obtient ainsi 853000. Retranchons un zéro à la droite de ce nombre ; on a 85300. Le dividende 736854 est compris entre ces deux dombres, c'est-à-dire entre 853×1000 et 853×100. Le quotient est donc compris entre 100 et 1000, et comme tous les nombres compris entre 100 et 1000 n'ont que trois chiffres, le quotient n'aura que trois chiffres.

Le quotient ayant trois chiffres, nous pouvons considérer le dividende comme la somme des produits partiels du diviseur par les unités simples, dizaines et centaines du quotient, plus un reste, s'il y en a, plus petit que le diviseur (46). Le produit partiel du diviseur par les centaines du quotient est un nombre exact de centaines (37), qui ne peut être contenu que dans les 7368 centaines du dividende. Je dis maintenant qu'en divisant 7368 par 853, on obtiendra le chiffre exact des centaines du quotient.

En effet le quotient de 1368 par 853 est 8 (55). D'où résultent évidemment les deux inégalités

$$853 \times 8 < 7368 < 853 \times 9.$$

En multipliant les membres de ces inégalités par 100, on a

$$853 \times 800 < 736800 < 853 \times 900.$$

Augmentons le membre commun 736800 de 54. La première inégalité existera à *fortiori* (c'est-à-dire à plus forte raison) ; puisque son plus grand membre augmente. La seconde existera aussi ; car ses deux membres exprimant évidemment des centaines, doivent différer au moins d'une centaine. Par conséquent l'on peut augmenter le plus petit membre de cette inégalité d'un nombre plus petit que 100 tel que 54, sans qu'elle cesse d'exister. — On aura donc :

$$853 \times 800 < 736854 < 853 \times 900$$

On voit alors que le quotient est compris entre 800 et 900 ; par conséquent 8 est le chiffre exact des centaines du quotient. Multiplions le diviseur par les 8 centaines du quotient; on trouve 682400 pour le produit partiel du diviseur par les centaines du quotient. En retranchant ce produit du dividende, on obtient 54454, qui ne contient que les produits partiels du diviseur par les unités simples et dizaines du quotient, plus le reste, s'il y en a. Le produit partiel du diviseur par les dizaines du quotient est un nombre exact de dizaines, qui ne peut être contenu que dans les 5445 dizaines de 54454. Nous prouverions, comme précédemment, qu'en divisant 5445 par 853, nous obtiendrons le chiffre exact des dizaines du quotient. En faisant cette division, on trouve 6 pour les dizaines du quotient (55). Multiplions le diviseur par ces 6 dizaines; on obtient 51180 pour le produit partiel du diviseur par les dizaines du quotient. En retranchant ce produit de 54454, on trouve 3274, qui ne contient que le produit partiel du diviseur par les unités du quotient, plus le reste, s'il y en a. Il est évident, qu'en divisant 3274 par 853, nous obtiendrons les unités du quotient (55). En faisant cette division, on trouve 3 pour les unités du quotient. En multipliant 853 par 3, on obtient 2559 pour le produit partiel du diviseur par les unités du quotient. Retranchons ce produit de 3274, on a 715 pour le reste de la division proposée. Le quotient est 863. On dispose l'opération comme il suit :

```
736854 | 853
6824   |----
------ | 863
 5445  |
 5118
------
  3274
  2549
------
   715
```

On retranche du premier dividende partiel 7368, considéré comme exprimant des unités simples, le produit du diviseur par le chiffre des centaines, ce chiffre étant aussi considéré comme exprimant des unités simples. A la droite du reste, on abaisse le chiffre suivant du dividende, ce qui donne le second dividende partiel 5445, sur lequel on opère comme sur le précédent, et ainsi de suite.

Dans la pratique, on se dispense ordinairement d'écrire les produits partiels du diviseur par les chiffres du quotient. On retranche ces produits, à mesure qu'on les forme ; comme nous l'avons appris au second cas, l'opération prend alors cette disposition

```
736854 | 853
 5445  |----
  3274 | 863
   715 |
```

58. Soit maintenant à diviser 478845 par 7.

Le raisonnement précédent s'applique aussi à cet exemple.

Seulement on peut alors facilement abréger la division, en n'écrivant aucun dividende partiel. Ainsi ayant reconnu d'après le raisonnement précédent, que 47 est le premier dividende partiel ; on divise 47 par 7, ce qui donne 6 pour quotient et 5 pour reste. On écrit 6 ; puis sans écrire 5, on abaisse par la pensée le chiffre suivant 8 à sa gauche ; ce qui donne le second dividende partiel 58. On divise 58 par 7, et on écrit le quotient 8 à droite du 6 précédemment obtenu, et ainsi de suite.

On abrége encore alors l'opération, en observant que diviser un nombre par 7, c'est chercher un nombre 7 fois plus petit, d'après la définition de la division (43). D'après cela, au lieu de dire en 47 combien de fois 7, il y va 6 fois ; on dit le septième de 47 est 6, et il reste 5 ; le septième de 58 est 8, et il reste 2 ; le septième de 28 est 4 ; le septième de 4 n'est pas, on écrit alors 0 ; le septième de 45 est 6, et il reste 3, 3 est le reste de la division proposée. 68406 est le quotient. On dispose ordinairement l'opération comme ci-dessous

478845 : 7
68406
3

De ce qui précède on peut conclure la règle générale suivante.

59. Pour trouver le quotient de deux nombres quelconques, on écrit le diviseur à droite du dividende, en les séparant par un trait vertical. On souligne le diviseur. On sépare alors sur la gauche du dividende autant de chiffres qu'il en faut seulement pour former un nombre qui contienne le diviseur. On divise le nombre ainsi séparé par le diviseur, et l'on obtient le premier chiffre à gauche du quotient, que l'on écrit au dessous du chiffre des plus hautes unités du diviseur. A la droite du reste de cette division, on abaisse le chiffre suivant du dividende. On divise le nombre ainsi formé par le diviseur, et l'on obtient le second chiffre du quotient, et ainsi de suite, jusqu'à ce qu'on ait abaissé tous les chiffres du dividende. Le dernier reste est le reste de la division.

On fait la preuve de la division en multipliant le diviseur par le quotient et ajoutant au produit le reste ; si l'opération est exacte, le résultat doit être égal au dividende.

Voici un nouvel exemple de division accompagné de sa preuve :

```
  Opération                    Preuve
6380232 | 759                    729
 3082   |-----                  8406
  4632  | 8406              ----------
    78                          4554
                               3036
                              6072
                             ----------
                              6380154
                                   78
                             ----------
                              6380232
```

Remarque I. — Quand le diviseur n'est pas contenu dans un dividende partiel, on dit qu'il y va 0 fois. On écrit 0 au quotient, et on abaisse le chiffre suivant du dividende.

Remarque II. — On ne peut pas commencer la division par la droite, parce qu'on ne peut pas séparer du dividende le produit partiel du diviseur par les unités du quotient.

60. Remarque III. — Lorsque le dividende et le diviseur sont terminés par des zéros, on fait abstraction sur la droite de ces nombres d'autant de zéros qu'il y en a à la droite de celui qui en contient le moins. On divise les nombres restants à la manière ordinaire. Le quotient de cette division est le quotient demandé. En ajoutant à la droite du reste obtenu autant de zéros, que l'on en a supprimés à la droite du dividende ou du diviseur, on a le reste de la division proposée (51). Ainsi, soit à diviser 984000 par 5700. On divisera 9840 par 57

```
98.40 | 57
41 4  |-----
 1 50 | 172
   36 |
```

le quotient demandé est 172, et le reste de la division proposée 3600.

61. Lorsque on peut décomposer le diviseur en facteurs d'un seul chiffre, on abrége la division en divisant d'abord le dividende par un des facteurs, puis le quotient par un autre facteur, et ainsi de suite jusqu'à ce qu'on ait épuisé tous les facteurs ; le dernier quotient est le quotient demandé (52).

Ainsi soit à diviser 589476 par 72.

On a $72 = 8 \times 9$. En prenant le 8e du dividende, on trouve 73684, en prenant le 9e de ce quotient on trouve 8187, qui est le quotient de la division proposée.

62. Le nombre des chiffres d'un quotient est égal à la différence entre le nombre des chiffres du dividende et le nombre des chiffres du diviseur, ou à cette différence augmentée de un.

En effet, nous avons établi que le nombre des chiffres d'un produit de deux facteurs était au plus égal au nombre des chiffres du multiplicande, plus le nombre des chiffres du multiplicateur, ou à cette somme moins un (42). Un quotient pouvant être considéré comme l'un des facteurs d'une multiplication, dont le diviseur est l'autre facteur et le dividende le produit, il en résulte que le nombre des chiffres d'un quotient est au moins égal aux chiffres du dividende, moins le nombre des chiffres du diviseur ; ou au plus à cette différence augmentée de un.

CHAPITRE VI

PUISSANCES.

63. On appelle puissance d'un nombre, le produit de plusieurs facteurs égaux à ce nombre. Le nombre des facteurs est le degré de la puissance ; ainsi $5 \times 5 \times 5$ est la troisième puissance de 5.

On indique une puissance d'un nombre en écrivant à droite et un peu au dessus de ce nombre, au moyen de petits chiffres, le degré de cette puissance. Ainsi 5^3, que l'on énonce 5 puissance trois, représente la troisième puissance de 5. Le nombre qui exprime le degré de la puissance s'appelle exposant. Ainsi 3 est l'exposant de 5^3.

Par analogie $5^1 = 5$. Donc, les nombres qui n'ont pas d'exposant, peuvent être considérés comme affectés de l'exposant 1, et par conséquent comme représentant leur puissance première.

La seconde puissance d'un nombre s'appelle aussi le carré de ce nombre, et la troisième puissance le cube.

On voit que l'élévation d'un nombre à une puissance, autre que 1, s'effectue par une ou plusieurs multiplications successives.

Nous ferons particulièrement remarquer qu'une puissance quelconque de 10 est égale à l'unité suivie d'autant de zéros qu'il y a d'unités dans le degré de cette puissance. Ainsi

$$10^4 = 10 \times 10 \times 10 \times 10 = 10000.$$

Nous établirons sur les puissances un certain nombre de théorèmes qui nous serviront dans la suite.

64. Théorème. On multiplie plusieurs puissances d'un même nombre, en donnant à ce nombre pour exposant un exposant égal à la somme des exposants des facteurs. Ainsi

$$7^3 \times 7^2 \times 7^4 = 7^9.$$

En effet

$7^3 \times 7^2 \times 7^4 = (7 \times 7 \times 7)(7 \times 7)(7 \times 7 \times 7 \times 7)$ (63) ;

d'où

$7^3 \times 7^2 \times 7^4 = 7 \times 7 \times 7 \times 7 \times 7 \times 7 \times 7 \times 7 \times 7$ (30),

$7^3 \times 7^2 \times 7^4 = 7^9$ (63).

65. Corollaire. — On élève une puissance d'un nombre à une autre puissance, en multipliant le premier exposant par le deuxième. Ainsi

$$(5^4)^3 = 5^{12} \text{ car } (5^4)^3 = 5^4 \times 5^4 \times 5^4 = 5^{12}.$$

66. Théorème. — On multiplie plusieurs produits de plusieurs puissances en formant un produit unique avec les facteurs de ces produits, et leur donnant pour exposant la somme de leurs exposants. Ainsi

$$(5^3 \times 6^4 \times 7^2)(5^4 \times 7^3 \times 8^5)(5 \times 6^2 \times 8^3) = 5^8 \times 6^6 \times 7^5 \times 8^7.$$

En effet

$$(5^3 \times 6^4 \times 7^2)(5^4 \times 7^3 \times 8^5)(5 \times 6^2 \times 8^3) = 5^3 \times 6^4 \times 7^2 \times 5^4 \times 7^3 \times 8^5 \times 5 \times 6^2 \times 8^3 \text{ (30)},$$

$$(5^3 \times 6^4 \times 7^2)(5^4 \times 7^3 \times 8^5)(5 \times 6^2 \times 8^3) = 5^3 \times 5^4 \times 5 \times 6^4 \times 6^2 \times 7^2 \times 7^3 \times 8^5 \times 8^3 \text{ (26)},$$

$$(5^3 \times 6^4 \times 7^2)(5^4 \times 7^3 \times 8^5)(5 \times 6^2 \times 8^3 = 5^8 \times 6^6 \times 7^5 \times 8^7 \text{ (64)}.$$

67. Corollaire. — On élève un produit de plusieurs facteurs à une puissance, en élevant chacun de ses facteurs à cette puissance. Ainsi

$$(5^2 \times 7^3 \times 9)^3 = 5^6 \times 7^9 \times 9^3 \text{ ; car } (5^2 \times 7^3 \times 9)^3 = (5^2 \times 7^3 \times 9)(5^2 \times 7^3 \times 9) = 5^6 \times 7^9 \times 9^3.$$

68. Théorème. — On divise deux puissances d'un même nombre, en donnant à ce nombre un exposant égal à celui du dividende, diminué de celui du diviseur. Ainsi.

$$5^7 : 5^3 = 5^4$$

car

$$5^7 \times 5^3 = 5^7.$$

69. Corollaire. — On divise deux produits de plusieurs puissances, en donnant à chaque facteur du dividende un exposant égal à l'excès de son exposant dans le dividende sur son exposant dans le diviseur. Ainsi

$$5^7 \times 8^4 \times 4^5 : 5^4 \times 8^3 = 5^3 \times 8 \times 4^5 ; \text{ car } (5^3 \times 8 \times 4^5)(5^4 \times 8^3) = 5^7 \times 8^4 \times 4^5.$$

Dans ce corollaire nous supposons que le diviseur ne contient pas de facteurs étrangers au dividende, et que les exposants des facteurs du diviseur ne surpassent pas les exposants des mêmes facteurs dans le dividende. Dans le cas contraire, le corollaire cesserait évidemment d'être applicable.

CHAPITRE VII

RACINES.

RACINE CARRÉE.

70. On appelle racine d'un nombre un autre nombre, qui, élevé à une certaine puissance, reproduit le premier. L'exposant de cette puissance s'appelle l'indice de la racine, ainsi 3 est la racine quatrième de 81 ; car $3^4 = 81$.

On indique une racine d'un nombre par le signe $\sqrt{}$, que l'on appelle radical. On place dans son ouverture de droite le nombre dont on veut extraire la racine, et dans son ouverture de gauche, l'indice de la racine. Ainsi la racine quatrième de 3 s'écrit $\sqrt[4]{3}$.

La racine seconde d'un nombre s'appelle généralement racine carrée, et la racine troisième racine cubique. On supprime l'indice dans l'expression d'une racine carrée. Ainsi $\sqrt{357}$ signifie racine carrée de 357.

L'extraction des racines est l'opération inverse de l'élévation aux puissances.

Nous nous occuperons d'abord de l'extraction de la racine carrée des nombres. Mais auparavant nous démontrerons le théorème suivant nécessaire pour la théorie de cette opération.

71. Théorème. — Le carré de la somme de deux nombres égale le carré du premier, le double produit du premier par le second, et le carré du second.

Ainsi, désignons par a et b ces deux nombres. Je dis que $(a + b)^2 = a^2 + 2 \times a \times b + b^2$.

En effet on a

$$(a + b)^2 = (a + b)(a + b) \text{ (63)} ;$$

d'où

$$(a + b)^2 = a^2 + a \times b + a \times b + b^2 \text{ (32)},$$
$$(a + b)^2 = a^2 + 2 \times a \times b + b^2 \text{ (20)}. \text{ (A)}.$$

72. Corollaire I. — Supposons que a désigne les dizaines d'un nombre, b ses unités ; l'égalité (A) exprime alors : que le carré d'un nombre formé de dizaines et d'unités se compose : du carré des dizaines, du double produit des dizaines par les unités et du carré des unités.

73. Corollaire II. — Supposons que dans l'égalité (A), b soit égal à 1 ; cette égalité se réduit alors à $(a + 1)^2 = a^2 + 2 \times a + 1$, qui indique : que lorsqu'on augmente un nombre de 1, son carré augmente du double de ce nombre plus 1 ; ou bien, que la différence entre les carrés de deux nombres consécutifs est égale au double du plus petit nombre plus 1.

L'extraction de la racine carrée des nombres présente trois cas : 1° le cas où le nombre est plus petit que 100 ; 2° le cas où le nombre est compris entre 100 et 10,000 ; 3° le cas où le nombre est plus grand que 10,000.

74. Premier cas. — Soit à extraire la racine carrée de 64.

D'après la table de multiplication, on sait que 8 fois 8 font 64 ; par conséquent, on sait aussi que 8 est la racine carrée de 64.

75. Remarque. — Il arrive ordinairement que le nombre dont on a à extraire la racine carrée n'est par un carré. On ne peut pas alors exprimer exactement cette racine par un nombre entier. On se propose alors de chercher la racine carrée du plus grand carré qui s'y trouve contenu.

Ainsi soit à extraire la racine carrée de 57. 57 tombe entre 7^2 ou 49 et 8^2 ou 64. La racine carrée de 57 tombe donc entre 7 et 8. C'est 7 par défaut et 8 par excès, avec une erreur dans les deux cas plus petite que 1. On prend alors la racine par défaut, et on dit que l'extraction de la racine carrée donne un reste, qui est la différence entre le nombre proposé et le carré de la racine par défaut. Ainsi la racine carrée de 57 est 7, et le reste est $57 - 7^2 = 8$. Le reste doit toujours être plus petit que le double de la racine obtenue plus 1 ; autrement le nombre proposé contiendrait le carré d'une racine plus grande que la racine obtenue (73), et cette racine ne serait pas la racine cherchée.

Lorsque le nombre proposé n'est pas un carré, sa racine obtenue, comme nous venons de l'apprendre, n'est pas exacte, et l'erreur commise est plus petite que 1, on dit alors, que la racine est obtenue à moins d'une unité. Lorsque le nombre, dont nous aurons à extraire la racine carrée ne sera pas un carré, nous nous proposerons dans ce livre de trouver sa racine carrée à moins d'une unité.

Nous démontrerons maintenant les deux théorèmes suivants, relatifs à l'extraction des racines carrées, et dont le dernier nous servira pour la théorie de cette opération.

76. Théorème. — Pour extraire la racine carrée d'une puissance d'un nombre, il suffit, si l'exposant de la puissance est un multiple de 2, de diviser cet exposant par 2. Ainsi

$$\sqrt[2]{47^6} = 47^3.$$

En effet

$$(47^3)^2 = 47^6 \qquad (65).$$

Le carré de 47^3 reproduisant la puissance proposée 47^6; il en résulte que 47^3 est la racine demandée.

77. Théorème. — Pour extraire la racine carrée d'un produi de plusieurs facteurs, il suffit, si les extractions se font sans reste, d'extraire la racine carrée de chaque facteur du produit. Ainsi

$$\sqrt[2]{7^6 \times 5^4 \times 81} = 7^3 \times 5^2 \times 9.$$

car

$$(7^3 \times 5^2 \times 9)^2 = 7^6 \times 5^4 \times 81 \qquad (67).$$

78. Deuxième cas. — Soit à extraire la racine carrée de 6175.

6'75 étant plus grand que 100; sa racine carrée est plus grande que 10, racine carrée de 100, et contient par conséquent des dizaines et des unités.

La racine carrée de 6175 contenant des dizaines et des unités, il en résulte que ce nombre peut être considéré, comme composé du carré des dizaines, du double produit des dizaines par les unités et du carré des unités, plus d'un reste s'il y en a, plus petit que le double de la racine plus 1 (72), (75). Le carré des dizaines étant un nombre exact de centaines (37), ne peut être contenu que dans les 61 centaines du nombre proposé. Je dis maintenant qu'en prenant la racine carrée de 61, nous aurons le chiffre exact des dizaines de la racine.

En effet la racine de 61 est 7 (75) ; d'où résultent évidemment les deux inégalités,

$$7^2 < 61 < 8^2.$$

En multipliant les membres de ces inégalités par 100, on a

$$7^2 \times 100 < 6100 < 8^2 \times 100.$$

Augmentons le membre commun 6100 de 75 ; la première inégalité existera *à fortiori*, puisque son plus grand membre augmente. La seconde existera aussi ; car ses deux membres exprimant évidemment des centaines, doivent différer au moins d'une centaine. Par conséquent, l'on peut augmenter le plus petit membre de cette inégalité, d'un nombre plus petit que 100, tel que 75, sans qu'elle cesse d'exister. On aura donc

$$7^2 \times 100 < 6175 < 8^2 \times 100.$$

On regarde comme évident qu'on n'altère pas une inégalité, quand on extrait une même racine de ses deux membres. En prenant les racines carrées des membres des deux dernières inégalités, on a

$$7 \times 10 < \sqrt{6175} < 8 \times 10 \qquad (77).$$

On voit alors que la racine du nombre proposé est comprise entre 70 et 80, par conséquent 7 est le chiffre exact des dizaines de la racine. Formons le carré de ces 7 dizaines, on obtient 4900. Retranchons ce carré du nombre proposé, on trouve 1275, qui contient le double produit des dizaines par les unités, et le carré des unités, plus le reste s'il y en a. Le double produit des dizaines par les unités, ou bien le produit du double des dizaines par les unités (28) est un nombre exact de dizaines (37), qui ne peut être contenu que dans les 127 dizaines de 1275. Mais ces 127 dizaines peuvent en outre contenir des dizaines, provenant des retenues du carré des unités et du reste. Donc en divisant 1270 par le double des dizaines de la racine ou 140, nous obtiendrons le chiffre exact des unités de la racine, ou un chiffre trop fort (43). Le quotient de 1270 par 140 est le même que celui de 127 par 14 (51), qui est 9 (55). 9 sera donc le chiffre cherché, ou un chiffre trop fort. Pour le vérifier, écrivons-le à la droite de 14, ce qui donne 149. Multiplions 149 par 9, on obtient 1341. Nous pouvons considérer 1341, comme composé du produit 140×9 et du carré 9^2 (21) ; c'est-à-dire du double produit des dizaines par les unités et du carré des unités. Or 1275 contient au moins ces deux parties, puisqu'il peut en outre contenir un reste, donc si le produit 1341 peut se soustraire de 1275, le chiffre 9 ne sera pas trop fort. La soustraction étant impossible, 9 est trop fort. Diminuons 9 d'une unité, et essayons 8 de la même manière. Le produit de 148 par 8 est $1184 < 1275$, 8 est donc le chiffre exact des unités de la racine. En retranchant 1184 de 1275, on obtient 91 pour le reste de l'opération. 78 est la racine cherchée.

On dispose l'opération comme il suit.

```
 6175 | 78
 49   |-----
------| 148
 1275 |   8
 1184
------
   91
```

Dans la pratique on effectue les soustractions en même temps que les multiplications, et on fait servir le second chiffre de la racine comme multiplicateur. L'opération prend alors cette nouvelle disposition.

```
 6175 | 78
 1275 |-----
   91 | 148
```

79. Troisième cas. — Soit à extraire la racine carrée de 736842.

736842 étant plus grand que 100, sa racine carrée est plus grande que 10, et contient des dizaines et des unites. 736842 peut donc être considéré, comme composé du carré des dizaines de la racine, du double produit des dizaines par les unités de la racine, et du carré des unités; plus d'un reste s'il y en a. Le carré des dizaines, étant un nombre exact de centaines, ne peut être contenu que dans les 7368 centaines du nombre proposé. Nous prouverions, comme dans le cas précédent, qu'en extrayant la racine carrée de 7368, nous obtiendrons le nombre exact des dizaines de la racine. 7368 étant compris entre 100 et 10000, nous pouvons en extraire la racine, d'après la marche exposée dans le cas précédent. On trouve 85 pour cette racine, et 143 pour reste. 85 désigne le nombre exact des dizaines de la racine cherchée, et 143 le nombre de centaines, qu'on obtiendrait, en retranchant des centaines du nombre proposé le carré des dizaines de sa racine. De sorte qu'en ajoutant à ces 143 centaines les dizaines et unités du nombre proposé, c'est-à-dire 42 ; le nombre 14432 ainsi formé contiendra le double produit des dizaines par les unités, et le carré des unités, plus le reste, s'il y en a. Le double produit des dizaines par les unités est un nombre exact de dizaines, qui ne peut être contenu que dans les 1434 dizaines de 14342. En divisant 1434 par le double de 85 ou 170, on obtiendra comme dans le cas précédent le chiffre exact des unités, ou un chiffre trop fort. On le vérifie comme nous l'avons déjà appris, le chiffre exact est 8. Le reste de l'extration de la racine est 678, et la racine est 858. On dispose l'opération comme il suit.

```
736842 | 858
   968 |-----
 14342 | 165
   678 | 1708
```

De ce qui précéde on peut conclure la règle suivante.

80. Pour extraire la racine carrée d'un nombre plus grand que 100, on tire un trait vertical à la droite de ce nombre, et on le partage à partir de la droite en tranches de deux chiffres, la dernière tranche à gauche pouvant d'ailleurs ne renfermer qu'un chiffre. On extrait la racine carrée de cette tranche ; ce qui donne le premier chiffre de gauche de la racine. On écrit ce chiffre à droite du trait vertical, au niveau du nombre proposé et on le souligne. On retranche le carré de ce chiffre de la première tranche à gauche et à la droite du reste on abaisse la tranche suivante. On sépare le premier chiffre à droite du nombre ainsi formé, et on divise le nombre restant à gauche par le double du chiffre déjà obtenu à la racine, que l'on écrit au-dessous du trait horizontal. On obtient ainsi le second chiffre de la racine, ou un chiffre trop fort. Pour le vérifier, on l'écrit à la droite du double du premier chiffre, et on multiplie le nombre ainsi formé par le chiffre que l'on essaye ; si le produit peut se retrancher du nombre obtenu par l'abaissement de la seconde tranche, le chiffre est bon ; si la soustraction est impossible, le chiffre essayé est trop fort. On le diminue alors successivement d'une unité, en essayant les chiffres ainsi obtenus de la même manière, jusqu'à ce que la soustraction soit possible. A la droite du reste on abaisse la tranche suivante ; on sépare le dernier chiffre à droite du nombre ainsi formé, et on divise le nombre restant à gauche par le double du nombre déjà écrit à la racine, que l'on place au dessous du double de son premier chiffre. On continue ainsi jusqu'à ce qu'on ait abaissé toutes les tranches.

On fait la preuve de l'extraction de la racine carrée, en élevant au carré la racine trouvée, et augmentant ce carré du reste, si l'opération est exacte, le résultat doit être égal au nombre proposé.

Voici un nouvel exemple d'extraction de racine carrée accompagné de sa preuve.

Opération

8.45.1 5.6 4	2907
4 45	49
. .4 1.5 6.4	58
9 1 5	5807

Preuve

```
   2907
   2907
 -------
  20349
 26163
 5814
 -------
 8450649
     915
 -------
 8451564
```

REMARQUE I. — On ne peut pas commencer l'extraction de la racine carrée par la droite, parce qu'on ne peut pas séparer d'un nombre le carré des unités de sa racine.

REMARQUE II. — Le nombre de chiffres d'une racine carrée est évidemment égal au nombre de tranches de deux chiffres obtenues, en le divisant comme nous l'avons indiqué.

RACINE CUBIQUE.

Nous allons maintenant nous occuper de l'extraction de la racine cubique des nombres, mais auparavant, nous démontrerons le théorème suivant nécessaire pour la théorie de cette opération.

81. THÉORÈME. — Le cube de la somme de deux nombres égale le cube du premier, le triple produit du carré du premier par le second, le triple produit du premier par le carré du second et le cube du second. Ainsi désignons par a et b ces deux nombres ; je dis que

$$(a+b)^3 = a^3 + 3 \times a^2 \times b + 3 \times a \times b^2 + b^3.$$

En effet on a

$$(a+b)^3 = (a+b)^2 (a+b) \quad (63),$$
$$(a+b)^3 = (a^2 + 2 \times a \times b + b^2)(a+b) \quad (71),$$
$$(a+b)^3 = a^3 + 2 \times a^2 \times b + a \times b^2 + a^2 \times b + 2 \times a \times b^2 + b^3 \quad (32).$$
$$(a+b)^3 = a^3 + 3 \times a^2 \times b + 3 \times a \times b^2 + b^3 \quad (20). \quad (A)$$

82. Corollaire I. — Supposons que a désigne les dizaines d'un nombre et b ses unités ; l'égalité (A) exprime alors : que le cube d'un nombre formé de dizaines et d'unités se compose : du cube des dizaines, du triple produit du carré des dizaines par des unités, du triple produit des dizaines par le carré des unités et du cube des unités.

83. Corollaire II. — Supposons que dans l'égalité (A) b soit égal a 1. Cette égalité se réduit alors à $(a+b)^3 = a^3 + 3 \times a^2 + 3 \times a + 1$, qui indique que lorsqu'on augmente un nombre de 1, son cube augmente du triple carré de ce nombre plus le triple de ce nombre plus 1 ; ou bien que la différence entre les cubes de deux nombres consécutifs est égale au triple carré du plus petit plus le triple de ce nombre plus 1.

L'extraction de la racine cubique des nombres présente trois cas : 1° le cas où le nombre est plus petit que 1000 ; 2° le cas où le nombre est compris entre 1000 et 1000000 ; 3° le cas où le nombre est plus grand que 1000000.

84. Premier cas. — Soit à extraire la racine cubique de 343.

Il est essentiel, pour résoudre cette question, de savoir par cœur les cubes des neuf premiers nombres. Voici le tableau de ces cubes.

1	2	3	4	5	6	7	8	9
1	8	27	64	125	216	343	512	729

Si on sait par cœur cette table ; on sait que le cube de 7 est 343, et par conséquent que la racine cubique de 343 est 7.

85. Remarque. — Il arrive ordinairement que le nombre dont on a à extraire la racine cubique, n'est pas un cube; on ne peut alors exprimer exactement cette racine par un nombre entier, on se propose alors de chercher la racine cubique du plus grand cube qui s'y trouve contenu.

Ainsi, soit à extraire la racine cubique de 428. 428 tombe entre 7^3 ou 343, et 8^3 ou 512, la racine cubique de 428 tombe donc entre 7 et 8 ; c'est 7 par défaut et 8 par excès, avec une erreur dans les deux cas plus petite que 1. On prend alors la racine par défaut, et on dit que l'extraction de la racine cubique donne un reste, qui est la différence entre le nombre proposé et le cube de la racine par défaut. Ainsi la racine cubique de 428 est 7 et le reste est $428 - 7^3 = 65$. Le reste doit toujours être plus petit que le triple carré de la racine obtenue, plus le triple de cette racine, plus 1 ; autrement le nombre proposé contiendrait le cube d'une racine plus grande que la racine obtenue (83), et cette racine ne serait pas la racine cherchée.

Lorsque le nombre proposé n'est pas un cube, sa racine obtenue, comme nous venons de l'apprendre, n'est pas exacte, et l'erreur commise est plus petite que 1. On dit alors que la racine est obtenue à moins d'une unité. Lorsque le nombre, dont nous aurons à extraire la racine cubique ne sera pas un cube, nous nous proposerons dans ce livre de trouver sa racine cubique à moins d'une unité.

Nous établirons maintenant les deux théorèmes suivants, relatifs à l'extraction des racines cubiques, et dont le dernier nous servira pour la théorie de cette opération.

86. Théorème. — Pour extraire la racine cubique d'une puissance d'un nombre, il suffit, si l'exposant de la puissance est un multiple de 3, de diviser cet exposant par 3. Ainsi

$$\sqrt[3]{18^9} = 18^3.$$
$$\text{car } (18^3)^3 = 18^9 \text{ (65).}$$

87. Théorème. Pour extraire la racine cubique d'un produit de plusieurs facteurs, il suffit, si les extractions se font sans reste, d'extraire la racine cubique de chaque facteur du produit.

$$\text{Ainsi} \quad \sqrt{4^6 \times 8^9 \times 729} = 4^2 \times 8^3 \times 9.$$
$$\text{Car } (4^2 \times 8^3 \times 9)^3 = 4^6 \times 8^9 \times 729 \text{ (67).}$$

88. Deuxième cas soit à extraire la racine cubique de 186147. 186147 étant plus grand que 1000, sa racine cubique est plus grande que 10 racine cubique de 1000, et contient par conséquent des dizaines et des unités.

La racine cubique de 186147 contenant des dizaines et des unités ; il en résulte que ce nombre peut être considéré comme composé : du cube des dizaines, du triple produit du carré des dizaines par les unités, du triple produit des dizaines par le carré des unités et du cube des unités, plus d'un reste, s'il y en a, plus petit que le triple carré de la racine, plus le triple de la racine, plus 1 (82) (84). Le cube des dizaines étant un nombre exact de mille (37), ne peut être contenu que dans les 186 mille du nombre proposé. Je dis maintenant qu'en prenant la racine cubique de 186, nous aurons le chiffre exact des dizaines de la racine.

En effet, la racine de 186 est 5 (85) ; d'où résultent évidemment les inégalités

$$5^3 < 186 < 6^3.$$

En multipliant les nombres de ces inégalités par 1000, on a

$$5^3 \times 1000 < 186000 < 6^3 \times 1000.$$

Augmentons le membre commun 186000 de 147. La première inégalité existera *à fortiori* ; puisque son plus grand membre augmente. La seconde existera aussi, car ses deux membres, exprimant évidemment des milles, doivent différer au moins d'un mille. Par conséquent l'on peut augmenter le plus petit membre de cette inégalité d'un nombre plus petit que 1000, tel que 147, sans qu'elle cesse d'exister. On aura donc,

$$5^3 \times 1000 < 186147 < 6^3 \times 1000.$$

En prenant les racines cubiques des membres de ces inégalités, on a

$$5 \times 10 < \sqrt[3]{186147} < 6 \times 10 \text{ (87)}.$$

On voit alors que la racine du nombre proposé est comprise entre 50 et 60. Par conséquent 5 est le chiffre exact des dizaines de la racine. Formons le cube de ces 5 dizaines ; on obtient 125000. Retranchons ce cube du nombre proposé ; on trouve 61147, qui contient : le triple produit du carré des dizaines par les unités, le triple produit des dizaines par le carré des unités et le cube des unités, plus le reste, s'il y en a. Le triple produit du carré des dizaines par les unités, ou bien le produit du triple carré des dizaines par les unités (28) est un nombre exact de centaines (37), qui ne peut être contenu que dans les 611 centaines de 61147. Mais ces 611 centaines peuvent en outre contenir des centaines, provenant des retenues du triple produit des dizaines par le carré des unités, du cube des unités et du reste.

Donc, en divisant 61100 par le triple carré des dizaines ou 7500, nous obtiendrons le chiffre exact des unités, ou un chiffre trop fort (43). Le quotient de 61100 par 7500 est le même que celui de 611 par 75, qui est 8 (55). 8 sera donc le chiffre cherché, ou un chiffre trop fort. Pour le vérifier, formons les trois dernières parties du cube de la racine, en prenant 8 pour le chiffre de ses unités. En multipliant 7500 par 8, nous obtiendrons 60000 pour le triple produit du carré des dizaines par les unités. $3 \times 50 \times 8^2$ ou 7350 sera le triple produit des dizaines par le carré des unités, et 8^3 ou 512 sera le cube des unités. La somme 67862 de ces trois parties doit pouvoir se soustraire de 61147, qui contient au moins les trois dernières parties du cube de la racine, puisque ce nombre peut en outre contenir un reste. La soustraction étant impossible, le chiffre 8 est trop fort. Diminuons-le d'une unité et essayons 7 de la même manière. La somme des trois dernières parties du cube de la racine est alors $60193 < 61147$. 7 est donc le chiffre exact des unités de la racine. En retranchant 60193 de 61147, on obtient 954 pour le reste de l'opération. 57 est la racine cherchée. On dispose l'opération comme il suit :

186147	57
125	$3 \times 5^2 = 75$
61147	$3 \times 5^2 \times 7 = 52500$
60193	$3 \times 5 \times 7^2 = 7350$
954	$7^3 = 343$
	60913

89. Troisième cas. — Soit à extraire la racine cubique de 43845704. 43845704 étant plus grand que 1000, sa racine cubique est plus grande que 10, et contient des dizaines et des unités. 43845704 peut donc être considéré comme composé : du cube des dizaines de la racine, du triple produit du carré des dizaines par les unités de la racine, du triple produit des dizaines par le carré des unités et du cube des unités plus d'un reste, s'il y en a. Le cube des dizaines étant un nombre exact de milles, ne peut être contenu que dans les 43845 milles du nombre proposé. Nous prouverions, comme dans le cas précédent, qu'en extrayant la racine cubique de 43845, nous obtiendrons le nombre exact des dizaines de la racine. 43845 étant compris entre 1000 et 1000000, nous pouvons en extraire la racine, d'après la marche indiquée dans le cas précédent. On trouve 35 pour cette racine et 970 pour reste. 35 désigne le nombre exact des dizaines de la racine qu'on cherche, et 970 le nombre des milles, que l'on obtiendrait, en retranchant des milles du nombre proposé le cube des dizaines de sa racine. De sorte qu'en ajoutant à ces 970 milles les centaines, dizaines et unités du nombre proposé, c'est-à-dire 704, le nombre 970704 ainsi formé contiendra : le triple produit du carré des dizaines par les unités, le triple produit des dizaines par le carré des unités et le cube des unités, plus le reste, s'il y en a. Le triple produit du carré des dizaines par les unités est un nombre exact de centaines, qui ne peut être contenu que dans les 9707 centaines de 970704. En divisant 9707 par le triple carré de 35 ou 3675, on obtiendra comme dans le cas précédent le chiffre exact des unités, ou un chiffre trop fort. On le vérifie, comme nous l'avons déjà appris ; le chiffre exact est 2. Le reste de l'opération est 231496. La racine cherchée est 352. On dispose l'opération comme il suit :

43845704	352	
27	$3 \times 3^2 = 27$	$3 \times 35^2 = 3675$
16845	$3 \times 3^2 \times 5 = 13500$	$3 \times 35^2 \times 2 = 735000$
15875	$3 \times 3 \times 5^2 = 2250$	$3 \times 35 \times 5^2 = 4200$
970704	$5^3 = 125$	$2^3 = 8$
739208	15875	739208
231496		

De ce qui précède, on peut conclure la règle suivante.

90. Pour extraire la racine cubique d'un nombre plus grand que 1000, on le partage à partir de la droite en tranches de trois chiffres, la dernière tranche à gauche pouvant d'ailleurs ne renfermer qu'un ou deux chiffres. On extrait la racine cubique de cette tranche, ce qui donne le premier chiffre de gauche de la racine. On soustrait aussi de cette tranche le cube de ce chiffre, et à la droite du reste on abaisse la tranche suivante. On sépare les deux premiers chiffres à droite du nombre ainsi formé, et on divise le nombre restant à gauche par le triple carré du chiffre déjà obtenu à la racine, on obtient ainsi le second chiffre de la racine, ou un chiffre trop fort. Pour le vérifier, on forme les trois dernières parties du cube du nombre, formé par le premier chiffre de la racine et le chiffre qu'on essaie ; si la somme de ces trois parties peut se soustraire du nombre obtenu par l'abaissement de la seconde tranche, le chiffre est bon, si la soustraction est impossible, le chiffre essayé est trop fort, on le diminue alors successivement d'une unité, en essayant les chiffres, ainsi obtenus de la même manière, jusqu'à ce que la soustraction soit possible. A la droite du reste on abaisse la tranche suivante. On sépare les deux derniers chiffres à droite du nombre ainsi formé, et on divise le nombre restant à gauche par le triple carré du nombre déjà écrit à la racine. On continue ainsi, jusqu'à ce qu'on ait abaissé toutes les tranches.

On fait la preuve de l'extraction de la racine cubique, en élevant au cube la racine trouvée, et augmentant le cube du reste. Si l'opération est exacte, le résultat doit être égal au nombre proposé.

Voici un nouvel exemple d'extraction de racine cubique accompagnée de sa preuve.

130.3 31.789	507	
125	$3 \times 5^2 = 75$	$3 \times 50^2 = 7500$
5 3.31.789		$3 \times 50^2 \times 7 = 5250000$
5 3 23 843		$3 \times 50 \times 7^2 = 73500$
7 946		$7^3 = 343$
		5323843

Preuve.

507	257049
507	507
3549	1799343
2535	1285245
257049	130323843
	7946
	130331789

Il est évident qu'on ne peut pas commencer l'opération par la droite, et que le nombre des chiffres de la racine est égal au nombre de tranches de trois chiffres obtenues comme nous l'avons indiqué.

CHAPITRE VIII.

DIVISIBILITÉ.

91. On dit qu'un nombre est divisible par un autre, lorsque le quotient du premier par le second est exactement un nombre entier. Ainsi 24 est divisible par 4, car $24 : 4 = 6$.

Il résulte de cette définition, qu'un nombre divisible par un autre est un multiple de cet autre (43).

On appelle diviseur d'un nombre tout autre nombre qui divise exactement le premier. Ainsi 7 est un diviseur de 28 car $28 : 7 = 4$.

Un diviseur d'un nombre est donc un facteur de ce nombre. Nous établirons d'abord sur la divisibilité les principes suivants.

92. Tout nombre qui en divise plusieurs autres, divise leur somme. Ainsi d divisant a, b et c divise $a + b + c$.

En effet, désignons par q, q', q'' les quotients respectifs de a, b et c par d. On a

$$a = d \times q,$$
$$b = d \times q',$$
$$c = d \times q''.$$

(Lisez q', q'' q prime q seconde. On fait suivre généralement les noms des lettres des mots prime, seconde, tierce, quarte, suivant qu'elles sont ainsi affectées de un, deux, trois, quatre accents).

On regarde comme évident, que lorsqu'on ajoute plusieurs égalités membre à membre, les résultats forment encore une égalité.

En additionnant les égalités précédentes, il vient

$$a + b + c = d \times q + d \times q' + d \times q'',$$

et en mettant d en facteur commun (22),

$$a + b + c = d\,(q + q' + q'').$$

$a + b + c$ étant égal à un multiple de d est divisible par d.

93. Lorsqu'un nombre est décomposé en deux parties, dont la première admet un certain diviseur, tandis que la seconde ne l'admet pas, ce nombre n'est pas divisible par ce diviseur, et le reste de la division est le même que le reste de la division de la seconde partie par ce diviseur.

En effet, soit a et b les deux parties d'un nombre.

Supposons que l'on ait

$$a = d \times q,$$
$$b = d \times q' + r, \quad \text{en ajoutant}$$
$$\text{il vient} \quad a + b = d\,(q + q') + r.$$

D'après cette dernière égalité on voit que r est le reste de la division de $a + b$ par d, ce qui démontre le principe énoncé.

94. Corollaire. — Il résulte des deux principes précédents que pour qu'une somme soit divisible par un nombre, il faut et il suffit que chaque partie de la somme soit divisible par ce nombre.

95. Tout nombre qui en divise un autre divise ses multiples.

Ainsi d divisant a divise $m \times a$.

En effet,

$$m \times a = a + a + a.$$

d divisant a par hypothèse, divise la somme $a + a + a$ (72), donc d divise $m \times a$.

96. Tout nombre divisible par un autre, l'est aussi par les facteurs de cet autre.

Ainsi d étant égal à $b \times c$, si a est divisible par d, il le sera aussi par b et par c.

En effet, désignons par q le quotient de a par d; on a

$$a = d \times q.$$

remplaçons dans cette égalité d par $b \times$ par c, on a

$$a = b \times c \times q.$$

a étant égal à un multiple de b et de c, est divisible par b et par c.

97. Tout nombre qui en divise deux autres divise leur différence.

Ainsi d divisant a et b divise $a - b$.

En effet, en appelant q et q', les quotiens de a et b par d, on a

$$a = d \times q\ ,$$
$$b = d \times q'.$$

On regarde comme évident que lorsqu'on retranche respectivement les deux membres d'une égalité des deux membres d'une autre égalité, les résultats forment encore une égalité.

En retranchant la seconde égalité de la première, on a

$$a - b = d \times q \quad d \times q'\ ;$$

d'où

$$a - b = d\ (q - q')\ (34).$$

$a - b$ étant égal à un multiple de d est divisible par d.

CARACTÈRES DE DIVISIBILITÉ.

96. Pour qu'un nombre soit divisible par 2 ou par 5, il fau et il suffit que son dernier chiffre à droite soit divisible par 2 ou par 5.

En effet, considérons le nombre 837, on a

$$837 = 830 + 7,$$
$$837 = 83 \times 10 + 7,$$
$$837 = 83 \times 2 \times 5 + 7\ (28).$$

On voit alors que 837 est égal à un multiple de 2 et de 5 plus 7. Donc, pour que 837 soit divisible par 2 et par 5, il faut et il suffit que 7 soit divisible par 2 ou par 5 (94).

Corollaire. — Le reste de la division d'un nombre par 2 ou par 5 est le même que le reste de la division de son dernier chiffre à droite par 2 ou par 5 (93).

Remarque I. — Un nombre est dit pair ou impair, suivant qu'il est divisible ou non divisible par 2. — Les chiffres pairs sont évidemment 0, 2, 4, 6, 8. Donc, pour qu'un nombre soit divisible par 2, il faut et il suffit qu'il soit terminé par un chiffre pair.

Remarque II. — Les chiffres divisibles par 5 sont évidemment 0 et 5. Donc, pour qu'un nombre soit divisible par 5, il faut et il suffit qu'il soit terminé par un 0 ou par un 5.

99. Pour qu'un nombre soit divisible par 4 ou par 25, il faut et il suffit que le nombre formé par ses deux derniers chiffres à droite soit divisible par 4 ou par 25.

En effet, considérons 6347. On a

$$6347 = 6300 + 47,$$
$$6347 = 63 \times 100 + 47, \text{ et comme } 100 = 4 \times 25,$$
$$6347 = 63 \times 4 \times 25 + 47 \ (28).$$

On voit alors que 6347 est égal à un multiple de 4 et de 25 plus 47. Donc, pour que 6347 soit divisible par 4 ou par 25, il faut et il suffit que 47 soit divisible par 4 ou par 25 (94).

Corollaire. Le reste de la division d'un nombre par 4 ou par 25 est le même que le reste de la division du nombre que forment ses deux derniers chiffres à droite par 4 ou 25 (93).

100. En démontrant d'une manière analogue que pour qu'un nombre soit divisible par 8 ou par 125, il faut et il suffit que le nombre formé par ses trois derniers chiffres à droite soit divisible par 8 ou par 125.

En général, pour qu'un nombre soit divisible par 2^n ou 5^n, il faut et il suffit que le nombre formé par ses . derniers chiffres à droite soit divisible par 2^n ou 5^n. On peut démontrer directement cette conséquence.

En effet, tout nombre qui a plus de n chiffres peut toujours être décomposé en deux parties, formées l'une des n premiers chiffres à droite, l'autre des chiffres restants suivis de n zéros. Mais cette dernière partie est aussi égale au nombre formé par les chiffres restants multiplié par 10^n, et comme $10^n = 2^n \times 5^n$ (67), cette partie est encore égale à un multiple de 2^n et de 5^n. Donc, pour que le nombre total soit divisible par 2^n ou 5^n, il faut et il suffit que la première partie soit divisible par 2^n ou 5^n.

Le caractère de divisibilité d'un nombre par 9 repose sur les deux principes suivants :

101. Toute puissance de 10 est égale à un multiple de 9 plus 1. En effet on a

$$10 = 9 + 1 \text{ ; d'où}$$

en multipliant par 10

$$10^2 = 9 \times 10 + 10,$$

ou bien

$$10^2 = 9 \times 10 + 9 + 1,$$

qu'on peut écrire,

$$10^2 = m\,9 + 1 \text{ (92). (A)}$$

(lisez m 9 un multiple de 9)

Nous allons maintenant démontrer que si le principe énoncé est vrai pour une puissance particulière de 10, il est aussi vrai pour la puissance de 10 immédiatement supérieure.

Supposons que l'on ait

$$10^n = m\,9 + 1.$$

en multipliant par 10, on a

$$10^{n+1} = m\,9 \times 10, + 10$$
$$10^{n+1} = m\,9 \times 10 + 9 + 1,$$
$$10^{n+1} = m\,9 + 1. \text{ (B)}$$

Mais d'après l'égalité (A) $10^2 = m\,9 + 1$, donc d'après l'égalité (B) on aura aussi $10^3 = m\,9 + 1$, et si $10^3 = m\,9 + 1$, on aura encore d'après (B) $10^4 = m\,9 + 1$. etc

102. Tout chiffre significatif suivi d'un nombre quelconque de zéros est égal à un multiple de 9 plus la valeur de ce chiffre.

Considérons 700.

On a

$$700 = 7 \times 10^2 \text{ (63)},$$

ou bien

$$700 = 7\,(m\,9 + 1) \text{ (101)}$$
$$700 = m\,9 + 7 \text{ (31)}$$

103. Pour qu'un nombre soit divisible par 9, il faut et il suffit que la somme de ses chiffres soit divisible par 9.

Considérons 5867.

On a $5867 = 5000 + 800 + 60 + 7$. D'après (102) on peut écrire

$$7 = 7,$$
$$60 = m\,9 + 6,$$
$$800 = m\,9 + 8,$$
$$5000 = m\,9 + 5.$$

en additionnant il vient

$$5867 = m\,9 + (7 + 6 + 8 + 5).$$

On voit alors que 5867 est égal à un multiple de 9 plus la somme de ses chiffres ; donc pour que 5867 soit divisible par 9, il faut et il suffit que cette somme soit divisible par 9 (94).

COROLLAIRE. — Le reste de la division d'un nombre par 9 est le même, que le reste de la division de la somme de ses chiffres par 9 (93).

104. REMARQUE. — Pour qu'un nombre soit divisible par 3, il faut et il suffit que la somme de ses chiffres soit divisible par 3.

En effet, 9 étant égal à un multiple de 3, et tout nombre étant égal à un multiple de 9 plus la somme de ses chiffres ; il en résulte que tout nombre est aussi égal à un multiple de 3 plus la somme de ses chiffres (96).

Le caractère de divisibilité d'un nombre par 11 repose sur les deux principes suivants :

105. Toute puissance paire de 10 est égale à un multiple de 11 plus 1, et toute puissance impaire de 10 est égale a un multiple de 11 moins 1.

En effet on a $10 = 11 - 1$; d'où
en multipliant par 10, $10^2 = 11 \times 10 - 10$,

$$10^2 = 11 \times 10 - (11 - 1),$$
$$10^2 = 11 \times 10 - 11 + 1 \ (19),$$
$$10^2 = m\,11 + 1 \ (95). \ (A)$$

Nous allons maintenant démontrer que si le principe énoncé est vrai pour deux puissances particulières de 10 de degré pair et impair, il sera aussi vrai pour les puissances immédiatement supérieures, qui sont respectivement de degré impair et pair.

Supposons que l'on ait

$$10^{2n} = m\,11 + 1.$$

En multipliant par 10, on a

$$10^{2n+1} = m\,11 \times 10 + 10,$$
$$10^{2n+1} = m\,11 \times 10 + 11 - 1,$$
$$10^{2n+1} = m\,11 - 1 \ (92). \ (B)$$

Supposons maintenant que l'on ait

$$10^{2n+1} = m\,11 - 1.$$

En multipliant par 10, on a

$$10^{2n+2} = m\,11 \times 10 - 10,$$

$$10^{2n+2} = m\ 11 \times 10 - (11 - 1).$$
$$10^{2n+2} = m\ 11 - 11 + 1\ (19),$$
$$10^{2n+2}\ m\ 11 + 1\ (95).\ (C)$$

Or, d'après (A) $10^2 = m\ 11 + 1$. Donc, d'après (B) $10^3 = m\ 11 - 1$; et puisque $10^3 = m\ 11 - 1$, on aura d'après (C) $10^4 = m\ 11 + 1$, etc.

106. Tout chiffre significatif suivi d'un nombre pair de zéros est égal à un multiple de 11 plus la valeur de ce chiffre, et tout chiffre significatif suivi d'un nombre impair de zéros est égal à un multiple de 11 moins la valeur de ce chiffre.

Considérons 70000 et 5000.

On a

1° $70000 = 7 \times 10^4$,
$70000 = 7\ (m\ 11 + 1)$,
$70000 = m\ 11 \times 7\ (31)$.

2° $5000 = 5 \times 10^3$,
$5000 = 5\ (m\ 11 - 1)$,
$5000 = m\ 11 - 5\ (34)$.

107. Pour qu'un nombre soit divisible par 11, il faut et il suffit que la somme des chiffres de rang impair diminuée de la somme des chiffres de rang pair soit divisible par 11.

Considérons 934842.

On a

$$934842 = 900000 + 30000 + 4000 + 800 + 40 + 2.$$

D'après (106) on peut écrire

$$\begin{aligned} 2 &= 2, \\ 40 &= m\ 11 - 4, \\ 800 &= m\ 11 + 8, \\ 4000 &= m\ 11 - 4, \\ 30000 &= m\ 11 + 3, \\ 900000 &= m\ 11 - 9. \end{aligned}$$
En additionnant il vient

$$934842 = m\ 11 \times (2 + 8 + 4 - 4 - 4 - 9),$$
$$934842 = m\ 11 = (2 + 8 + 3) - (4 + 4 + 9)\ (19).$$

On voit alors que 934842 est égal à un multiple de 11, plus la somme des chiffres de rang impair, moins la somme des chiffres de rang pair. Donc, pour que 934842 soit divisible par 11, il faut et il suffit que la différence de ces deux sommes soit divisible par 11 (94).

COROLLAIRE. — Le reste de la division d'un nombre par 11 est le même que le reste de la division par 11 de la somme de ses chiffres de rang impair diminuée de la somme de ses chiffres de rang pair (93).

REMARQUE. — Si la somme des chiffres de rang impair est inférieure à celle des chiffres de rang pair, on augmente la première somme d'un multiple de 11, seulement suffisant pour rendre la soustraction possible.

Ainsi, dans le cas précédent, la somme des chiffres de rang impair $2 + 8 + 3$ ou 13, étant inférieure à celle des chiffres de rang pair $4 + 4 + 9$ ou 17, on augmente la première somme de 1×11 seulement, parce que ce multiple suffit pour rendre la soustraction possible. On a alors pour différence $13 + 11 - 17$ ou 7. Cette différence n'étant pas divisible par 11, 934842 n'est pas divisible par 11. Le reste de la division est 7.

Pour établir l'exactitude de cette opération, reprenons l'égalité $934842 = m\ 11 + (2 + 8 + 3) - (4 + 4 + 9)$, que l'on peut écrire $934842 = m\ 11 + 13 - 17$. Augmentons et diminuons le second membre de 11, on a $934842 = m11 - 11 + 11 + 13 - 7$. Mais $m\ 11 - 11 = m\ 11$ (95), et $11 + 13 - 17 = 7$. En substituant il vient $934842 = m\ 11 + 7$.

Le caractère de divisibilité par 7 repose sur les deux principes suivants.

108. Toute puissance paire de 1000 est égale à un multiple de 7 plus 1, et toute puissance impaire de 1000 est égale à un multiple de 7 moins 1.

On sait par expérience que 1001 est un multiple de 7.

Donc on peut écrire

$$1000 = m\ 7 - 1\ ;$$

d'où en multipliant par 1000

$$1000^2 = m\ 7 \times 1000 - 1000,$$
$$1000^2 = m\ 7 \times 1000 - (m\ 7 - 1),$$
$$1000^2 = m\ 7 \times 1000 - m\ 7 + 1,$$
$$1000^2 = m\ 7 + 1.$$

Nous démontrerions maintenant, comme dans le cas précédent, que le principe étant vrai pour deux puissances particulières de 1000, l'une de degré pair, l'autre de degré impair, est aussi vrai pour les puissances immédiatement supérieures qui sont respectivement de degré impair et pair. Or, $1000^2 = m\,7 + 1$. Donc $1000^3 = m\,7 - 1$; et puisque $1000^3 = m\,7 - 1$, $1000^4 = m\,7 + 1$, etc.

109. Tout nombre suivi d'un nombre pair de tranches de trois zéros est égal à un multiple de 7 plus ce nombre, et tout nombre suivi d'un nombre impair de tranches de trois zéros est égal à un multiple de 7 moins ce nombre.

Considérons 36000000 et 742000000000.

On a

$$1^\circ\ 36000000 = 36 \times 1000^2,$$
$$36000000 = 36\,(m7 + 1)\ (108),$$
$$36000000 = m\,7 + 36.$$
$$2^\circ\ 742000000000 = 742 \times 1000^3,$$
$$742000000000 = 742\,(m\,7 - 1)\ (108),$$
$$742000000000 = m\,7 - 742.$$

110. Pour qu'un nombre soit divisible par 7, il faut et il suffit qu'étant partagé à partir de la droite en tranches de trois chiffres, la somme des tranches de rang impair diminuée de la somme des tranches de rang pair soit divisible par 7.

Considérons 82659636769.

On a

$$82659635769 = 82000000000 + 659000000 + 635000 + 769.$$

D'après (109) on peut écrire

$$769 = 769,$$
$$635000 = m\,7 - 635,$$
$$659000000 = m\,7 + 659,$$
$$82000000000 = m\,7 - 82.$$ En additionnant il vient

$$82659635769 = m\,7 + (769 + 659 - 635 - 82).$$
$$82659635769 = m\,7 + (769 + 659) - (635 + 82).$$

On voit alors que 82659635769 est égal à un multiple de 7, plus la somme des tranches de rang impair, moins la somme des tranches de rang pair. Donc, pour que 82659635769 soit divisible par 7, il faut et il suffit que la différence de ces deux sommes soit divisible par 7 (94).

Corollaire. — Le reste de la division d'un nombre par 7 est

le même que le reste de la division par 7 de la somme des tranches de rang impair diminuée de la somme des tranches de rang pair (93).

Remarque I. — Si la somme des tranches de rang impair est inférieure à celle des tranches de rang pair, on augmente la première d'un multiple de 7 seulement suffisant pour rendre la soustraction possible. On démontrerait l'exactitude de cette nouvelle opération comme dans le cas précédent.

111. Remarque II. — $1001 = 7 \times 11 \times 13$; en considérant 1001 comme un multiple de 11 ou de 13, on arriverait par le même raisonnement à des caractères de divisibilité par 11 et 13 semblables au caractère de divisibilité par 7. De sorte qu'on peut dire aussi : que pour qu'un nombre soit divisible par 11 ou par 13, il faut et il suffit qu'étant partagé à partir de la droite en tranches de trois chiffres, la somme des tranches de rang impair, diminuée de la somme des tranches de rang pair, soit divisible par 11 ou par 13.

PREUVES PAR LES RESTES.

La preuve d'une opération par un reste consiste à déterminer d'abord au moyen des nombres donnés seulement le reste du résultat de l'opération par rapport à un certain diviseur ; puis à déterminer à l'aide du résultat de l'opération le reste de la division de ce résultat par le même diviseur. Si l'opération est exacte, les deux restes ainsi obtenus doivent être égaux, on se sert ordinairement de 9 comme diviseur.

La preuve par 9 de l'addition repose sur ce principe :

112. Le reste de la division d'une somme par 9 est égal au reste de la division par 9 de la somme des restes obtenus, en divisant chaque partie de la somme par 9.

En effet soit a, b, c, les parties de la somme, en appelant r, r', r'' les restes de la division de ces nombres par 9 ; on peut écrire

$$a = m\,9 + r,$$
$$b = m\,9 + r',$$
$$c = m\,9 + r'', \text{ en additionnant il vient}$$

$$a + b + c = m\,9 + (r + r' + r'').$$

On voit par là que le reste de la division de $a+b+c$ par est le même que le reste de la division de $(r+r'+r'')$ par 9 (96).

De là résulte la règle suivante.

Pour faire la preuve de l'addition par 9, on cherche les restes de la division par 9 des nombres à additionner ; on cherche ensuite le reste de la division par 9 de la somme de ces restes. Ce dernier reste doit être égal au reste de la division par 9 de la somme des nombres donnés.

Voici un exemple d'addition accompagné de sa preuve par 9.

7894	1
56473	7
8095	5
72462	13
4	4

Remarque. — Pour trouver le reste de la division d'un nombre par 9, il suffit de diviser la somme de ses chiffres par 9 (103). Mais il n'est pas nécessaire de faire cette division, pour trouver ce reste on retranche 9 à mesure qu'on le trouve en faisant la somme des chiffes (46) ; ce qui est plus simple. Ainsi pour trouver le reste de la division de 7894 par 9, on dit : 7 et 8 15 moins 9 6 (on passe le 9), 6 et 4 10 moins 9 1. 1 est le reste demandé.

La preuve par 9 de la soustraction repose sur ce principe:

113. Le reste de la division de la différence de deux nombres par 9 est égal à la différence obtenue, en retranchant du reste de la division par 9 du plus grand nombre le reste de la division par 9 du plus p etit

En effet, de

$$a = m\ 9 + r,$$
$$b = m\ 9 + r',$$

on tire en retranchant $a - b = m\ \ 9 + (r - r')$ (19).

On voit par là que le reste de la division de $a - b$ par 9 est le même que le reste de la division de $r - r'$ par 9 (96).

De là résulte la règle suivante :

Pour faire la preuve de la soustraction par 9, on cherche les restes de la division par 9 des nombres donnés. On retranche du reste de la division par 9 du plus grand nombre le reste de la division par 9 du plus petit. La différence doit être égale au reste de la division par 9 de la différence des deux nombres donnés.

Quand le reste de la division par 9 du plus grand nombre est moindre que le reste de la division par 9 du plus petit, on augmente le premier reste de 9 (107).

Voici un exemple de soustraction accompagné de sa preuve par 9.

7834	4 + 9
6476	5
1358	8
8	

La preuve de la multiplication par 9 repose sur ce principe.

114. Le reste de la division par 9 du produit de deux facteurs est égal au reste de la division par 9 du produit des deux restes obtenus, en divisant chaque facteur par 9.

En effet soit a et b les deux facteurs. On peut écrire

$$a = m\,9 + r,$$
$$b = m\,9 + r'.$$

On regarde comme évident, que lorsqu'on multiplie ou divise plusieurs égalités membre à membre, les résultats forment encore une égalité. Multiplions les égalités précédentes membre à membre ; il vient

$$a \times b = m\,9 \times m\,9 + r \times m\,9 + m\,9 \times r' + r \times r' \text{ (32)},$$
$$a \times b = m\,9 + r \times r' \text{ (92)}.$$

On voit par là que le reste de la division de $a \times b$ par 9 est le même que le reste de la division de $r \times r'$ par 9 (96).

De là résulte la règle suivante:

Pour faire la preuve de la multiplication par 9, on cherche les restes de la division par 9 du multiplicande et du multiplicateur, on fait le produit de ces deux restes et on divise ce produit par 9 ; le reste de cette division doit être le même que le reste de la division par 9 du produit des deux nombres donnés.

Voici deux exemples de multiplication accompagnés de leurs preuves par 9.

78356	2	7845	6
4967	8	495	0
548492	16	39225	0
470136	7	70605	0
705204		31380	
313424		3883275	
389194252		0	
7			

Remarque. — Si on avait à faire la preuve par 9 d'un produit de trois facteurs, on considérerait le produit des deux premiers facteurs comme un seul facteur, dont on chercherait le reste, comme nous venons de l'apprendre, on retombe alors dans le cas précédent.

Aussi soit le produit $75 \times 37 \times 58$. Le produit des deux premiers facteurs donne 3 pour reste ; on multiplie 3 par le reste 4 du dernier facteur ; ce qui donne 12 et par suite 3 pour reste; tel est aussi le reste du produit 160950.

115 Corollaire. — Pour faire la preuve de la division par 9, on cherche le reste de la division par 9 du produit du diviseur par le quotient, le reste de la division par 9 du reste de la division proposée ; on cherche ensuite le reste de la division par 9 de la somme des deux premiers restes ; ce dernier reste doit être égal au reste de la division par 9 du dividende.

Cette règle résulte de ce que le dividende peut être considéré, comme la somme du produit du diviseur par le quotient et du reste.

Voici un exemple de division accompagné de sa preuve par 9.

8		
746945	875	2
4694	853	7
3195		14
570		5

$3 + 5 = 8$

Remarque. — On fait encore la preuve par 9 de la division de la manière suivante.

On retranche d'abord le reste de l'opération du dividende. On applique ensuite la preuve par 9 de la multiplication, en considérant le reste de cette soustraction comme le produit du diviseur par le quotient (46).

Ainsi, dans la division précédente, en retranchant le reste de l'opération du dividende, on obtient 746375, qui divisé par 9 donne 5 pour reste. Tel est aussi le reste de la division par 9 du produit du diviseur par le quotient.

Les preuves par 9 de l'élévation aux puissances et de l'extraction des racines rentrent évidemment dans les preuves par 9 de la multiplication et de la division. Car on peut considérer l'élévation à une puissance, comme une multiplication d'un nombre par lui-même, et l'extraction d'une racine, comme une division d'un nombre par cette racine.

116. Les preuves par 9 ne font pas connaître les erreurs qui sont des multiples de 9 ; car le reste de la division d'un nombre par 9 ne change pas, quand on augmente ou diminue ce nombre d'un multiple de 9, On pourrait substituer à 9 tout autre diviseur tel que, 11, 7; car les principes sur lesquels reposent les preuves par 9 sont vrais pour un diviseur quelconque.

On préfère 9, parce que l'on trouve très-rapidement le reste de la division d'un nombre par 9; et parce qu'il est peu probable à cause de la grandeur de 9, que l'on commette une erreur égale à un multiple de 9. Cependant pour plus de sûreté, après avoir employé la preuve par 9, on emploie aussi la preuve par 11.

CHAPITRE IX

NOMBRES PREMIERS.

117. On appelle nombre premier tout nombre, qui n'est divisible que par lui-même et l'unité. Ainsi 5, 7, 11 sont des nombres premiers.

118. THÉORÈME. — Tout nombre n, qui n'est pas premier, admet au moins un diviseur premier différent de 1.

En effet tout nombre n, qui n'est pas premier admet au moins un diviseur, soit b ce diviseur et q le quotient de la division de n par b, on a $n = b \times q$. Si b ou q étaient premiers le théorème serait démontré. Si b ou q ne sont pas premiers, b admet au moins un diviseur c, et q un diviseur d ; de sorte qu'on a $b = c \times q'$ $q = d \times q''$ en portant ces valeurs de b et q dans l'égalité $n = b \times q$ on a $n = c \times q' \times d \times q''$, et ainsi de suite mais à chaque décomposition d'un facteur en deux autres, ces facteurs diminuent de valeur. Ces facteurs diminuant sans cesse et étant supposés plus grands que 1, on finira au moins par en trouver un qui sera égal a 2. 2 étant premier le théorème, est démontré.

119. COROLLAIRE. — Tout nombre qui n'admet pas de diviseur premier est premier.

Car si ce nombre admettait un diviseur non premier, il ne serait pas premier, et alors en vertu du théorème précédent, il admettrait un divisenr premier ; ce qui est contre l'hypothèse.

120. THÉORÈME. —La suite des nombres premiers est illimitée.

En effet supposons-la limitée, et soit n le plus grand des nombres premiers. Faisons le produit de tous les nombres premiers depuis 1 jusqu'à n ; désignons ce produit par p et ajoutons lui l'unité ; on aura $p + 1$. p est divisible par chacun des nombres premiers, puisqu'il est un multiple de chacun d'eux ; mais 1 n'est divisible évidemment par aucun de ces nombres. Par suite $p + 1$ n'est divisible par aucun nombre premier (94). $p + 1$ est donc un nombre premier (119). Mais $p + 1$ est plus grand que n ; il y aurait donc un nombre premier plus grand que le plus grand des nombres premiers ; ce qui est absurde. Il est donc absurde de supposer que la suite des nombres premiers est limitée.

FORMATION D'UNE TABLE DE NOMBRES PREMIERS.

121. On ne peut former une table de nombres premiers que jusqu'à une certaine limite, puisque la suite des nombres premiers est illimitée.

Proposons-nous de former la table des nombres premiers inférieurs à 48.

On écrit les nombres les uns à la suite des autres jusqu'à 48.

1, 2, 3, 4, 5, 6, 7, 8, 9, 10, 11, 12, 13, 14, 15, 16, 17, 18, 19, 20, 21, 22, 23, 24, 25, 26, 27, 28, 29, 30, 31, 32, 33, 34, 35, 36, 37, 38, 39, 40, 41, 42, 43, 44, 45, 46, 47, 48.

2 est le plus petit des nombres premiers. On supprime les multiples de 2 en barrant à partir de 2 exclusivement tous les nombres de 2 en 2 ; car 2 rangs plus loin que 2 on trouve $2 + 2$ ou 2 fois 2, et 2 rangs plus loin $2 + 2 + 2$ ou 3 fois 2. Le premier nombre non barré, qui se présente à partir de 2 est 3. 3 n'ayant pas été barré est premier ; car il n'est multiple d'aucun nombre premier précédent. On supprime les multiples de 3, en barrant à partir de 3 exclusivement tous les nombres de 3 en 3 ; car 3 rangs plus loin que 3, on trouve $3 + 3$ ou 2 fois 3, etc. 4 ayant été barré comme multiple de 2, il est inutile de supprimer les multiples de 4 ; car ils ont déjà été barrés comme multiples de 2 (95). 5 n'ayant pas été barré est premier ; car il n'est multiple d'aucun nombre premier précédent, puisque tous ces multiples ont été supprimés. On supprime encore tous les multiples de 5, en barrant à partir de 5 exclusivement tous les nombres de 5 en 5. On peut abréger l'opération, en observant que quand on est arrivé à supprimer les multiples d'un nombre, le premier des multiples de ce nombre à supprimer est toujours son carré. Ainsi le premier multiple de 5 à supprimer est 5×5 ; car les multiples inférieurs 5×4, 5×3, 5×2 ont déjà été barrés comme multiples de 2 3 et 4. Par conséquent, c'est à partir de 5^2 exclusivement que l'on barrera les nombres

de 5 en 5. D'après cette remarque, l'opération sera terminée quand on sera arrivé à supprimer les multiples d'un nombre premier, dont le carré dépasse la limite que l'on s'est assignée. Les multiples de 5 supprimés, on aura à supprimer les multiples de 7. Mais le carré de 7 ou 49 surpasse la limite 48. La recherche est donc terminée. Tous les nombres non barrés sont premiers.

TABLE DES NOMBRES PREMIERS DEPUIS 1 JUSQU'A 1000.

2	79	191	311	439	577	709	857
3	83	193	313	443	587	719	859
5	89	197	317	449	593	727	863
7	97	199	331	457	599	733	877
11	101	211	337	461	601	739	881
13	103	223	347	463	607	743	883
17	107	227	349	467	613	751	887
19	109	229	353	479	617	757	907
23	113	233	359	487	619	761	911
29	127	239	367	491	631	769	919
31	131	241	373	499	641	773	929
37	137	251	379	503	643	787	937
41	139	257	383	509	647	797	941
43	149	263	389	521	653	809	947
47	151	269	397	523	659	811	953
53	157	271	401	541	661	821	967
59	163	277	409	547	673	823	971
61	167	281	419	457	677	827	977
67	173	283	421	563	683	829	983
71	179	293	431	569	691	839	991
73	181	307	433	571	701	853	997

122. Théorème. — Un nombre est premier quand il n'est divisible par aucun nombre premier égal ou inférieur à sa racine carrée.

Soit le nombre 181 dont la racine carrée est 13, et qui n'est divisible ni par 13 ni par aucun nombre premier inférieur à 13 ; je dis que 181 est un nombre premier.

En effet, supposons que 181 ne soit pas premier, il admettra alors un diviseur premier (118), et ce diviseur premier devra être plus grand que 13, puisque, par hypothèse, 181 n'admet pour diviseur ni 13, ni aucun nombre premier inférieur à 13. Comme 13 est la racine carrée de 181, il en résulte que le quotient sera plus petit que 13. Ce quotient sera aussi un diviseur de 181 (44). Nous remarquerons maintenant que ce quotient ne peut pas être un nombre premier, puisque, par hypothèse, 181 n'admet aucun diviseur premier inférieur à 13. Ce quotient ne peut pas non plus n'être pas premier, car s'il n'était pas premier, il admettrait un diviseur premier plus petit que 13, qui diviserait 181 ; ce qui est contre l'hypothèse, donc 181 est un nombre premier (119).

Corollaire. — On reconnaît qu'un nombre est premier lorsqu'en le divisant par les nombres premiers successifs à partir de 2, on arrive à un quotient inférieur au nombre premier employé comme diviseur.

CHAPITRE X.

DU PLUS GRAND COMMUN DIVISEUR.

123. On appelle diviseur commun de plusieurs nombres tout nombre qui en divise plusieurs autres exactement. Ainsi 5 est un diviseur commun de 10, 15, 20.

Lorsque des nombres n'ont d'autre diviseur commun que l'unité, on dit qu'ils sont premiers entre eux, comme 5, 8, 15, 21.

Il est à remarquer que des nombres peuvent être premiers entre eux, sans être premiers. Ainsi 8, 15, 21 sont premiers entre eux, sans qu'aucun d'eux soit premier. Mais des nombres premiers, comme 7, 11, 13, sont toujours premiers entre eux.

Plusieurs nombres peuvent avoir plusieurs diviseurs communs. Ainsi 2, 3, 6, sont des diviseurs communs de 12, 18, 24.

On appelle plus grand commun diviseur de plusieurs nombres le plus grand nombre, qui en divise exactement plusieurs autres. Ainsi 6 est le plus grand commun diviseur de 12, 18, 24.

124. Proposons-nous de trouver le plus grand commun diviseur de deux nombres a et b.

Supposons $b < a$ le p. g. c. d. (lisez p. g. c. d. plus grand commun diviseur) ne peut pas surpasser b; puisqu'il doit le diviser. Mais comme b se divise lui-même, s'il divise a ; il sera le p. g. c. d.

Supposons que a divisé par b donne pour quotient q, avec un reste r ; b ne sera pas le p. g. c. d. Je dis maintenant que le p. g. c. d. de a et b est le même que celui de b et r.

En effet, on a la relation $a = b \times q + r$. Soit d un diviseur commun de a et b, d divisant b divise $b \times q$ (95) ; divisant a divisant $b \times q$ il divise r (97), donc d est un diviseur commun de b et r.

Récciproquement, soit δ (lisez δ delta) un diviseur commun de b et r, δ divisant b divise $b \times q$; divisant $b \times q$, divisant r, il divise a (92). Donc δ est un diviseur commun de a et b.

Ainsi tout diviseur de a et b est un diviseur commun de b et r, et tout diviseur commun de b et r est un diviseur commun de a et b. a et b, b et r, ayant les mêmes diviseurs communs, ont par conséquent le même p. g. c. d.

On est ainsi conduit à diviser b par r ; si la division se fait exactement, r sera le p. g. c. d. supposons que la division donne un reste r', on démontrerait comme précédemment, que le p. g. c. d. de r et r' est le même que celui de b et r ; par conséquent le même que celui de a et b. Donc on divisera encore r par r', et ainsi de suite. De là résulte la règle suivante.

Pour trouver le p. g. c. d. de deux nombres, on divise le plus grand par le plus petit, le plus petit par le reste, le premier reste par le second, le second par le troisième, et ainsi de suite, jusqu'à ce qu'une division se fasse sans reste, ou qu'on arrive au reste 1. Dans le premier cas, le diviseur de la division qui n'a pas donné de reste, est le p. g. c. d. demandé ; dans le second il n'y a pas de p. g. c. d ; les nombres sont premiers entre eux.

On dispose l'opération de la manière suivante :

		17	2	1	2
1911	1807	104	39	26	13
104	767 39	26	13	0	

125. Remarque. — Si dans le cours de l'opération on arrive à un reste premier, et que la division du reste précédent par ce reste premier ne réussisse pas, les deux nombres considérés sont premiers entre eux.

En effet, entre ce reste premier et le reste précédent, il ne peut y avoir d'autre diviseur commun que ce reste premier ou l'unité. Mais ce reste premier ne divisant pas le reste précédent, il en résulte qu'ils n'ont d'autre diviseur commun que l'unité. Donc il en est de même des nombres proposés ; par conséquent ces nombres sont premiers entre eux. Ainsi dans la recherche du p. g. c. d. de 539 et 468 :

	1	6	1	1	2	4
539	468	71	42	29	13	3
	42	29	13	3	1	

On arrive au reste 71, qui est évidemment premier : puisqu'il n'admet pas de diviseur premier inférieur à sa racine carrée 8 (122). On aurait pu alors arrêter l'opération et considérer les nombres proposés comme premiers ; car en poursuivant la recherche, on arrive au reste 1.

126. Corollaire. — Tout nombre qui en divise deux autres, divise le reste de leur division (124).

127. Théorème. — Tout nombre qui en divise deux autres, divise leur p. g. c. d.

Soit a et b deux nombres r, r', r'', r''' les restes obtenus en cherchant leur p. g. c. d., r''' le dernier reste ou le p. g. c. d. (124), et d un diviseur de a et b. d divisera r (127) ; divisant b et r, il divisera r', et ainsi de suite. d divisant tous les restes successifs divisera le dernier reste ou le p. g. c. d.

128. Théorème. — Réciproquement, tout nombre qui divise le p. g. c. d. de deux nombres divise ces nombres.

En effet, ces nombres étant multiples de leur p. g. c. d., tout nombre qui divisera le p. g. c. d. de ces nombres, divisera aussi ces nombres (96).

129. Corollaire. — Les diviseurs communs de deux nombres sont les diviseurs de leur p. g. c. d. Ce corollaire est une conséquence des deux théorèmes précédents.

130. Théorème. — Le p. g. c. d. de trois nombres est égal au p. g. c. d. de l'un de ces nombres et du p. g. c. d. des deux autres.

Soit a, b et c trois nombres, d le p. g. c. d. de a et b. d' le p. g. c. d. de d et c ; d' est le p. g. c. d. de a, b et c.

En effet, les diviseurs communs de a et b sont les diviseurs de d (129) par conséquent, les diviseurs communs de a, b et c sont les diviseurs communs de d et c ; par suite le p. g. c. d. de a, b et c est le p. g. c. d. de d et c.

131. Corollaire. — Les diviseurs communs de trois nombres sont les diviseurs de leur p. g. c. d., car les diviseurs communs de a, b et c, étant les diviseurs communs de d et c sont par conséquent les diviseurs de d' (129).

A l'aide de ce corollaire on démontrerait de même que le p. g. c. d. de quatre nombres est égal au p. g. c. d. de l'un d'eux et du p. g. c. d. des trois autres.

De là résulte la règle suivante :

132. Pour trouver le p. g. c. d. de plusieurs nombres, on cherche le p. g. c. d. de deux de ces nombres, puis le p. g. c. d. de ce p. g. c. d. et d'un autre nombre, et ainsi de suite ; jusqu'à ce qu'on ait épuisé tous les nombres. Le dernier p. g. c. d. ainsi obtenu est le p. g. c. d. des nombres proposés.

Dans la pratique on doit commencer l'opération par les nombres les plus simples ; parce que, à cause de la faiblesse des nombres, on a la chance d'arriver plus rapidement à un diviseur premier. L'opération se trouve alors abrégée ; car ce diviviseur premier doit être le p. g. c. d., ou bien les nombres sont premiers entre eux (125).

Ainsi soit à trouver le p. g. c. d. de 3564, 924, 143. On cherchera d'abord le p. g. c. d. de 924 et 143 ; ce qui donne 11. 11 étant premier doit diviser 3564 ; autrement les nombres proposés sont premiers entre eux. La division se fait exactement, donc 11 est le p. g. c. d. des nombres proposés.

Le raisonnement précédent conduit encore à cette conséquence:

133. Les diviseurs communs de plusieurs nombres sont les diviseurs de leur p. g. c. d.

134. Théorème. — Quand on multiplie deux nombres par un troisième, le p. g. c. d. des produits est égal à celui des deux nombres multiplié par ce troisième.

En effet, soit a et b deux nombres r, r', r'', r''' les restes obtenus dans la recherche de leur p. g. c. d., r''' le p, g. c. d. Multiplions a et b par m, le reste de la divion des produits $a \times m$, $b \times m$ sera $r \times m$ (50). De même le reste de la division de b et r étant r', celui de la division de $b \times m$ et de $r \times m$ sera $r' \times m$. Ainsi on voit que la recherche du p.g.c.d. de $a \times m$ et $b \times m$ donnera successivement les restes $r \times m$, $r' \times m$, $r'' \times m$, $r''' \times m$, r''' a divisé exactement r'', $r''' \times m$ divisera aussi exactement $r'' \times m$ (50). Donc $r''' \times m$ est le p. g. c. d. de $a \times m$ et $b \times m$.

135. Théorème. Quand on multiplie plusieurs nombres par un autre, le p. g. c. d. des produits est égal à celui des nombres multiplié par cet autre.

En effet, soit a, b et c trois nombres. d le p. g. c. d. de a et b, d' le p. g. c. d. de d et c. d étant le p. g. c. d. de a et b, le p. g. c.d. des produits $a \times m$ et $b \times m$ sera $d \times m$ (132). d' étant le p. g. c. d de d et c, le p. g. c. d. de $d \times m$ et $c \times m$ sera $d' \times m$.

Donc $d' \times m$ sera le p. g. c. d. de $a \times m$, $b \times m$ et $c \times m$(132).

136. On démontrerait d'une manière analogue, d'après (51); que quand on divise deux ou plusieurs nombres par un autre, et que les divisions se font sans reste, le p. g. c. d. des quotients est égal à celui des nombres divisé par cet autre.

137. Corollaire I. — Quand on aperçoit un diviseur commun aux nombres dont on veut trouver le p. g. c. d., on simplifie ainsi l'opération : on divise d'abord les nombres par ce diviseur commun ; on cherche ensuite le p. g. c. d. des quotients, et on les multiplie par ce diviseur commun. Le produit est le p. g. c. d. des nombres proposés (136).

Ainsi, soit à trouver le p. g. c. d. de 540, 516 et 348. On reconnaît immédiatement que ces nombres sont divisibles par 3 et par 4 (99) (104). En les divisant d'abord par 3, on obtient 180, 172, 116, et en divisant ces quotients par 4, on a 45, 43, 29. Il est évident que ces derniers quotients sont premiers entre eux. Par conséquent, en multipliant leur p. g. c. d., qui est 1 successivement par 3 et 4, on aura 12 pour le p. g. c. d. des nombres proposés.

138. Corollaire II. Quand on divise plusieurs nombres par leur p. g. c. d., les quotients sont premiers entre eux. Car le p. g. c. d. de a, b et c étant d, celui de $\frac{a}{d}$ $\frac{b}{d}$ $\frac{c}{d}$ sera $\frac{d}{d}$ ou 1 (136).

CHAPITRE XI

THÉORÈMES SUR LES DIVISEURS.

139. Tout nombre qui divise un produit de deux facteurs, et est premier avec l'un d'eux, divise l'autre.

Soit d un nombre qui divise le produit $a \times b$ et est premier avec a ; je dis qu'il divise b.

En effet, d et a étant premiers entre eux, leur p. g. c. d. est 1. Multiplions d et a par b, le p. g. c. d. des produits $a \times b$ et $d \times b$ sera $1 \times b$ (134) ou b. d divise $a \times b$ par hypothèse ; il divise aussi $d \times b$ son multiple ; donc d divise le p. g. c. d. de ces produits qui est b.

140. Lemme. — Lorsqu'un nombre premier ne divise pas un autre nombre, il est premier avec lui.

Ainsi, le nombre premier 13 ne divisant pas 34, est premier avec 34.

En effet, les diviseurs de 13 sont seulement 1 et 13. Donc, les diviseurs communs de 13 et 34 ne peuvent être que 1 et 13. Mais 13 ne divisant pas 34, on voit que 1 est le seul diviseur commun de 13 et 34. Par conséquent ces deux nombres sont premiers entre eux.

141. Théorème. — Tout nombre premier qui divise un produit de deux facteurs, divise au moins l'un des facteurs.

Soit d un nombre premier, qui divise le produit $a \times b$; je dis qu'il divise au moins l'un des facteurs.

En effet, si d divise a, le théorème est démontré ; s'il ne divise pas a, il est premier avec lui, (140) d étant premier avec a, et divisant le produit $a \times b$, divise l'autre facteur b (139). Donc, d divise nécessairement l'un des facteurs.

142. Théorème. — Tout nombre premier qui divise un produit de plusieurs facteurs, divise au moins l'un des facteurs.

Soit d un nombre premier qui divise le produit $a \times b \times c$, je dis qu'il divise au moins l'un des facteurs.

En effet, supposons le produit des deux premiers facteurs effectué. On aura $a \times b \times c = ab \times c$ (28). d divisant $ab \times c$ produit de deux facteurs, divise au moins l'un des facteurs (141); s'il divise c, le théorème est démontré ; s'il ne divise pas c, il divise ab, qu'on peut remplacer par $a \times b$. d divisant $a \times b$ divise a ou b (141). Donc d divise nécessairement l'un des facteurs.

143. Corollaire. — Tout nombre premier qui divise les puissances d'un nombre, divise aussi ce nombre. Car a^4 étant égal à $a \times a \times a \times a$, tout nombre premier qui divise ce produit divise le facteur a (142).

144. Théorème. — Plusieurs nombres qui ne sont pas premiers entre eux, admettent au moins un diviseur premier commun.

Soit a, b, c plusieurs nombres non premiers entre eux, d un diviseur commun de ces nombres ; si d est premier, le théorème est démontré ; si d n'est pas premier, il admet au moins un diviseur premier (118), lequel doit diviser les nombres proposés.

145. Corollaire. — Plusieurs nombres qui n'ont pas de diviseur premier commun sont premiers entre eux. Car, s'ils avaient un diviseur commun non premier, ils auraient aussi un diviseur premier.

146. Théorème. — Tout nombre premier avec chacun des facteurs d'un produit est premier avec ce produit.

Soit un nombre d premier avec chacun des facteurs du produit $a \times b \times c$; je dis qu'il est premier avec ce produit.

En effet, supposons que d et $a \times b \times c$ ne soient pas premiers entre eux ; ils ont alors un diviseur premier commun m (144). m divisant $a \times b \times c$ divisera l'un des facteurs, a par exemple (142) ; ce qui est absurde, puisque, par hypothèse, d et a sont premiers entre eux. Donc, d et $a \times b \times c$ sont premiers entre eux.

147. Corollaire I. — Tout nombre premier avec un autre est premier avec ses puissances. Ainsi 3 étant premier avec 8 est premier avec 8^4 ; car $8^4 = 8 \times 8 \times 8 \times 8$; et 3 étant premier avec chacun des facteurs de ce produit, est premier avec ce produit.

148. Corollaire II. — Quand deux nombres sont premiers entre eux, leurs puissances sont premières entre elles. Ainsi 3 et 8 étant premiers entre eux, 3^3 et 8^4 sont aussi premiers entre eux. Car 3 étant premier avec 8, est premier avec 8^4, et 8^4 étant premier avec 3 est premier avec 3^3 (147).

149. On appelle nombres premiers entre eux deux à deux des nombres dont deux quelconques sont premiers entre eux. Ainsi 4, 7, 9, 11 sont premiers entre eux deux à deux.

Il est à remarquer que des nombres premiers entre eux deux à deux sont toujours premiers entre eux. Ainsi 4, 7, 9, 11 sont premiers entre eux. Mais des nombres premiers entre eux ne sont pas toujours premiers entre eux deux à deux. Ainsi 8, 9, 12 sont premiers entre eux, sans être premiers entre eux deux à deux.

150. Théorème. — Tout nombre divisible par d'autres nombres premiers entre eux deux à deux est divisible par leur produit.

Soit un nombre n divisible par d'autres nombres a, b et c premiers entre eux deux à deux ; je dis qu'il est divisible par leur produit $a \times b \times c$.

En effet, puisque a divise n, on a

$$n = a \times q. \text{ (A).}$$

b divisant n divise $a \times q$; mais b étant premier avec a, divise q (139). Appelons q' le quotient de cette division, on aura

$$q = b \times q',$$

et en remplaçant q par cette valeur dans (A), il viendra

$$n = a \times b \times q', \text{ (B)}$$

ou

$$n = ab \times q'.$$

c divisant n divise $ab \times q'$. Mais c étant premier avec a et b est premier avec le produit ab (146) ; donc c divise q' (129).

Appelons q'' le quotient de cette division ; on aura

$$q' = c \times q'',$$

et en remplaçant q' par cette valeur dans (B), il viendra

$$n = a \times b \times c \times q''$$

n étant égal à un multiple de $a \times b \times c$ est divisible par ce produit.

151. Corollaire. — Pour qu'un nombre soit divisible par le produit de plusieurs facteurs, il faut et il suffit qu'il soit divisible par chacun des facteurs, et que les facteurs soient premiers entre eux deux à deux. Ces conditions sont nécessaires d'après le principe (96), et elles sont suffisantes d'après le théorème précédent.

Ce corollaire permet d'obtenir facilement de nouveaux caractère de divisibilité des nombres. Ainsi 6 étant égal à 2×3, et 2 et 3 étant premiers entre eux, on peut dire : pour qu'un nombre soit divisible par 6, il faut et il suffit qu'il soit divisible par 2 et par 3. De même 42 étant égal à $2 \times 3 \times 7$ et 2, 3 et 7 étant premiers entre eux deux à deux, on peut dire : pour qu'un nombre soit divisible par 42, il faut et il suffit qu'il soit divisible par 2, par 3 et par 7.

CHAPITRE XII

DU PLUS PETIT MULTIPLE COMMUN.

152. On appelle multiple commun de plusieurs nombres tout nombres qui est divisible par plusieurs autres. Ainsi 12 est un multiple commun de 2, 3, 4.

Il est évident que plusieurs nombres ont un nombre indéfini de multiples communs. Ainsi en multipliant 12 successivement par 2, 3, 4, on aura encore des multiples communs de 2, 3, 4.

On appelle plus petit multiple commun de plusieurs nombres le plus petit nombre qui est divisible par plusieurs autres. Ainsi 12 est le p. p. m. c. (lisez p. p. m. c. plus petit multiple commun) de 2, 3, 4.

153. Théorème. — Le p. p. m. c. de deux nombres est égal à leur produit divisé par leur p. g. c. d.

En effet soit M un multiple commun de deux nombres A et B en appelant q et q' les quotients de M par A et B, on a

$$M = A \times q \text{ (P)}$$
$$M = B \times q' \text{ (Q)}$$

soit D le p. g. c. d. de A et B ; en appelant c et c' les quotients de A et B par D, on a

$$A = D \times c$$
$$B = D \times c'.$$

En portant ces valeurs de A et B dans les égalités (P) et (Q) i vient

$$M = D \times c \times q \text{ (R)}$$
$$M = D \times c' \times q'.$$

En vertu de cet axiome : deux quantités égales à une troisième sont égales entre elles, on aura

$$D \times c \times q = D \times c' \times q'. \text{ (S)}$$

(Nous ferons observer qu'une expression quelconque d'opérations à effectuer peut se désigner sous le nom de quantité ; car le nombre représenté par cette expression peut évidemment être augmenté ou diminué. C'est ainsi que nous venons de désigner par quantités les deux produits $D \times c \times q$ $D \times c' \times q'$; et le multiple M.).

En divisant par D les deux membres de (S), on a

$$c \times q = c' \times q' \text{ ; d'où en divisant par } c,$$

$$q = \frac{c' \times q'}{c}. \quad (T)$$

c divise $c' \times q'$, puisque le quotient est représenté exactement par un nombre entier q. Mais c est premier avec c' ; donc c divise q'. En appelant q'' le quotient de la division, on a

$$\frac{q'}{c} = q''.$$

L'égalité (T) peut s'écrire $q = c' \times \frac{q}{c}$ (49).

En remplaçant dans cette égalité $\frac{q}{c}$ par q'', on

$$q = c' \times q'',$$

et en portant cette valeur de q dans (R), il vient

$$M = D \times c \times c' \times q''. \quad (V)$$

On voit alors qu'un multiple commun M de deux nombres A et B est égal à un produit de quatre facteurs, dont trois D c, c' sont invariables, et dont le quatrième q'' varie suivant la valeur de M. Par conséquent la plus petite valeur de M correspond à la plus petite valeur de q''. Or la plus petite valeur q'' est 1 ; car si elle était o, le multiple $D \times c \times c' \times q''$ s'annulerait Donc la valeur du p.p. m. c. est $D \times c \times c'$; que l'on peut écrire. $\frac{D \times c \times c' \times D}{D}$, ou $\frac{A \times B}{D}$ ce qui démontre le théorème énoncé.

154. Corollaire I. — Un multiple quelconque de deux nombres est multiple de leur p. p. m. c. Cela résulte de l'égalité (V).

155. Corollaire II. — Réciproquement les multiples du p. p. m. c. de deux nombres sont des multiples communs de ces nombres. Cela résulte de ce que l'on peut écrire $D \times c \times c' \times q'' = A \times c' \times q''$, ou bien $D \times c \times c' \times q'' = B \times c \times q''$.

156. Corollaire III. — Les multiples communs de deux nombres sont les multiples de leur p. p. m. c. Ce corollaire est une conséquence des deux précédents.

Remarque.—Dans la pratique on simplifie ainsi la recherche du p. p. m. c. : on multiplie l'un des nombres par le quotient obtenu en divisant l'autre nombre par leur p. g. c. d. Cette simplification repose sur ce que $\frac{A \times B}{D} = \frac{A}{D} \times B$ (49).

Ainsi proposons-nous de trouver le p. p. m. c. de 756 et 360. On détermine d'abord le p. g. c. d. 36 de ces deux nombres ; on divise ensuite l'un d'eux 756 par 36 ; ce qui donne 21 pour quotient. En multipliant 360 par 21 on obtient 7560 pour le p. p. m. c. des nombres proposés.

157. Théorème. — Le p. p. m. c. de trois nombres est égal au p. p. m. c. de l'un de ces nombres et du p. p. m. c. des deux autres.

Soit a, b et c trois nombres, m le p. p. m. c. de a et b, m' le p. p. m. c. de m et c ; m' est le p. p. m. c. de a, b et c.

En effet, les multiples communs de a et b sont les multiples de m (156). Par conséquent les multiples communs de a, b et c sont les multiples communs de m et c ; par suite le p. p. m. c. de a, b et c est le p. p. m. c. de m et c.

158. Corollaire. — Les multiples communs de trois nombres sont les multiples de leur p. p. m. c., Car les multiples communs de a, b et c étant les multiples communs de m et c, sont par conséquent les multiples de m' (156).

A l'aide de ce corollaire, on démontrerait de même, que le p. p. m. c. de quatre nombres est égal au p. p. m. c. de l'un d'eux et du p. p. m. c. des trois autres.

De là résulte la règle suivante :

159. Pour trouver le p. p. m. c. de plusieurs nombres, on cherche le p. p. m. c. de deux de ces nombres, puis le p. p. m. c. de ce p. p. m. c. et d'un autre nombre, et ainsi de suite, jusqu'à ce qu'on ait épuisé tous les nombres.

Proposons-nous de trouver le p. p. m. c. de 270, 264 et 252, on cherche d'abord le p. p. m. c. de 270 et 264 ; ce qui donne 11880 ; on cherche ensuite le p. p. m. c. de 11880 et 252 ; ce qui donne 83160 pour le p. p. m. c. des nombres proposés.

Le raisonnement précédent conduit encore à cette conséquence :

160. Les multiples communs de plusieurs nombres sont les multiples de leur plus petit multiple commun.

Nous venons de trouver 83160 pour le p. p. m. c. de 270, 264 et 252. En multipliant 83160 par les nombres successifs 1, 2, 3, 4,.... nous obtiendrons la suite indéfinie des multiples communs de 270, 264 et 252.

CHAPITRE XIII.

DÉCOMPOSITION DES NOMBRES EN FACTEURS PREMIERS.

161. Théorème. — Tout nombre, qui n'est pas premier, est égal à un produit de facteurs premiers.

Soit n un nombre non premier, n admet au moins un diviseur premier a (118). Soit q le quotient de n par a, on a

$$n = a \times q. \text{ (A)}$$

si q est premier le théorème est démontré; si q n'est pas premier, il admet au moins un diviseur premier b. Soit q' le quotient de q par b ; on a

$$q = b \times q',$$

et en portant cette valeur de q dans (A), on a

$$n = a \times b \times q'.$$

Si q' est premier le théorème est démontrée ; s'il n'est pas premier, il admet un diviseur premier q'', et ainsi de suite ; jusqu'à ce qu'on arrive à un quotient premier ; ce qui ne manquera pas d'arriver; puisque les quotients q, q', q'' sont entiers, et vont en diminuant. Donc n est égal à un produit $a \times b \times c$ de facteurs premiers. Ces facteurs peuvent d'ailleurs être égaux ou inégaux.

De ce théorème résulte la règle suivante :

162. Pour décomposer un nombre en facteurs premiers, on examine si ce nombre est divisible par les nombres premiers 2, 3. 5, 7 etc. pris suivant leur ordre de grandeur croissante ; jusqu'à ce qu'on arrive à une division, qui se fasse exactement, ou à un quotient plus petit que le diviseur premier, que l'on essaye. Dans le premier cas on examine, si le quotient est divisible par le nombre premier déjà employé pour l'obtenir, ou par les nombres premiers supérieurs ; jusqu'à ce qu'on arrive à une division qui se fasse exactement, ou à un quotient plus petit que le diviseur premier que l'on essaye ; et ainsi de suite. On finit toujours par arriver ainsi à un quotient évidemment premier, ou à un quotient que l'on reconnaît être premier, en ce qu'il fournit un nouveau quotient plus petit que lui-même (122). On divise ce quotient premier par lui-même, et la décomposition est alors achevée. Le nombre proposé est égal au produit de tous les diviseurs premiers employés.

On dispose l'opération de la manière suivante :

360	2
180	2
90	2
45	3
15	3
5	5

86328	2
43164	2
21582	2
10791	3
3597	3
1199	11
109	109

on a $360 = 2^3 \times 3^2 \times 5$ et $86328 = 2^3 \times 3^2 \times 11 \times 109$

Remarque. — Il est inutile d'essayer les diviseurs premiers, qui ne divisent pas un quotient, sur les quotients suivants ; car si l'un de ces derniers quotients était divisible par l'un de ces diviseurs, le premier quotient le serait aussi (95) ; ce qui n'a pas lieu.

163. Théorème. — Un nombre n'est décomposable qu'en un seul système de facteurs premiers.

Supposons qu'un nombre n soit décomposable en deux système de facteurs premiers, et soit $a \times b^p \times c^q \times d$, $a'^{p'} \times b'^{q'} \times c'$ ces deux systèmes. Chaque produit étant égal à n, on peut écrire que ces produits sont égaux entre eux, on a ainsi.

$$a^p \times b^q \times c \times d = a'^{p'} \times b'^{q'} \times c'$$

Le facteur premier a du premier produit divisant ce produit, divise aussi le second $a'^{p'} \times b'^{q'} \times c'$, quisqu'il est égal au premier. Divisant le second, il divise au moins l'un de ses facteurs (142) ; et comme ces facteurs sont premiers, cela ne peut avoir lieu qu'autant que l'un d'eux est égal à a. Ainsi tout facteur premier du premier produit se trouve dans le second. On démontrerait de la même manière que tout facteur premier du second produit se trouve dans le premier. Il est donc absurde de supposer que les facteurs premiers de ces produits soient différents.

Supposons donc seulement, que les exposants des facteurs

premiers des deux systèmes soient différents ; et soit $a^q \times b^p \times c$, $a'^p \times b^{q'} \times c$ les deux systèmes de facteurs premiers égaux à n. On aura.

$$a^p \times b^q \times c = a^{p'} \times b^{q'} \times c,$$

Posons $p' = p + n$, il vient

$$a^p \times b^q \times c = a^{p+n} \times bq' \times c,$$

et en divisant par a^p, on a

$$b^q \times c = a \quad \times b^{q'} \times c \ (68).$$

Égalité absurde ; puisque le premier membre ne contient pas tous les facteurs premiers du second. Il est donc aussi absurde de supposer que les exposants des facteurs premiers soient différents ; par conséquent les deux systèmes de facteurs premiers sont identiques.

APPLICATION DE LA DÉCOMPOSITION DES NOMBRES EN FACTEURS PREMIERS.

164. Théorème. — Quand un nombre est divisible par un autre, le diviseur ne contient pas des facteurs premiers étrangers au dividende, et les exposants des facteurs premiers du diviseur ne surpassent pas les exposants des mêmes facteurs dans le dividende.

En effet, soit n un nombre divisible par un autre d, q le quotient de leur division, on a

$$n = d \times q$$

le nombre n et le produit $d \times q$ décomposés en facteurs premiers donneront le même système de facteurs premiers (163) ; d'où il résulte que n contient les facteurs premiers de d avec des exposants égaux ou plus forts.

165. Corollaire. — Pour que deux nombres soient divisibles l'un par l'autre, il faut et il suffit que le diviseur ne contienne pas des facteurs premiers étrangers au dividende, et que les exposants des facteurs premiers du diviseur ne surpassent pas les exposants des mêmes facteurs dans le dividende. Ces conditions sont nécessaires d'après (164), et suffisantes d'après (69).

166. Le p. g. c. d. de plusieurs nombres se compose du produit des facteurs premiers communs de ces nombres pris avec leurs plus petits exposants.

Soit a, b, c, trois nombres. Supposons qu'en les décomposant en facteurs premiers, on ait trouvé

$$a = 2^5 \times 3^2 \times 5^3 \times 7,$$
$$b = 2^3 \times 3^4 \times 5^2,$$
$$c = 2^5 \times 3^3 \times 5 \times 7,$$

Le p. g. c. d. de ces nombres sera $2^3 \times 3^2 \times 5$.

En effet, $2^3 \times 3^2 \times 5$ est d'abord un diviseur commun des trois nombres ; car tous les facteurs de ce produit se trouvent dans chacun des trois nombres avec des exposants égaux ou plus forts (165). Maintenant $2^3 \times 3^2 \times 5$ est le p. g. c. d.; car supposons qu'il existe un diviseur commun plus grand, et désignons-le par D. Nous remarquerons que ce diviseur commun ne peut se composer que de facteurs premiers contenus dans $2^3 \times 3^2 \times 5$; car s'il renfermait un facteur premier différent, il ne serait plus un diviseur commun de trois nombres (165). D doit donc renfermer les facteurs 2, 3, 5 avec des exposants plus forts que dans $2^3 \times 3^2 \times 5$; ce qui est impossible ; car si on augmente l'un des exposants de $2^3 \times 3^2 \times 5$, on n'a plus un diviseur commun des nombres proposés. $2^3 \times 3^2 \times 5$ est donc le p. g. c. d.

167. Remarque. — On n'altère pas le p. g. c. d. de plusieurs nombres en multipliant ou en divisant l'un d'eux par un nombre premier avec tous les autres ; car de cette manière on n'introduit ni on ne supprime aucun facteur premier commun à ces nombres.

Cette remarque permet de simplifier la recherche du p. g. c. d. quand on aperçoit certains facteurs premiers appartenant seulement à une partie des nombres proposés. On supprime alors ces facteurs premiers, ce qui simplifie la recherche du p. g. c. d. Ainsi, soit à trouver le p. g. c. d. de 540, 264. 180. On voit immédiatement que 540 et 180 sont divisibles par 5, facteur étranger à 264 ; en divisant on a 108 et 36. On voit aussi que 264 est divisible par 11, facteur étranger à 108 et 36 ; en divisant on a 24. On est ainsi ramené à trouver le p. g. c. d. de 108, 36 et 24 ; on trouve alors facilement 12 pour le p. g. c. d. des nombres proposés.

168. Le p. p. m. c. de plusieurs nombres se compose du produit de tous les facteurs premiers différents de ces nombres pris avec leur plus fort exposant.

Soit a, b, c, trois nombres. Supposons que l'on ait trouvé

$$a = 2^5 \times 3^2 \times 5^3 \times 7,$$
$$b = 2^3 \times 3^4 \times 5^2,$$
$$c = 2^5 \times 3^3 \times 5 \times 7.$$

Le p. p. m. c. de a, b, c sera $2^5 \times 3^4 \times 5^3 \times 7$.

En effet $2^5 \times 3^4 \times 5^3 \times 7$ est d'abord un multiple commun; car il contient tous les facteurs premiers des trois nombres avec des exposants égaux ou plus forts (165). Maintenant $2^5 \times 3^4 \times 5^3 \times 7$ est le p. p. m. c.; car, supposons qu'il existe un multiple commun plus petit et désignons-le par m. Nous remarquerons que ce multiple commun ne peut renfermer que des facteurs premiers contenus dans $2^5 \times 3^4 \times 5^3 \times 7$; car s'il en renfermait un de moins, il ne serait plus un multiple commun des trois nombres (165). m doit donc renfermer les facteurs 2, 3, 5, 7 avec des exposants plus faibles que dans $2^5 \times 3^4 \times 5^3 \times 7$; ce qui est impossible; car si l'on diminue l'un des exposants de $2^5 \times 3^4 \times 5^3 \times 7$, on n'a plus un multiple commun des nombres proposés. Donc $2^5 \times 3^4 \times 5^3 \times 7$ est le p. p. m. c. des nombres proposés.

169. Remarque. Lorsque plusieurs nombres sont premiers entre eux deux à deux, leur p. p. m. c. est le produit même de ces nombres. Car le p. p. m. c. sera alors un nombre divisible par d'autres nombres premiers entre eux deux à deux ; il devra donc être divisible par leur produit (150), et par conséquent ne pourra pas être plus petit que ce produit. Ce sera donc ce produit.

Ainsi 5, 8, 9 étant premiers entre deux à deux leur p. p. m. c. est leur produit $5 \times 8 \times 9$ ou 360.

170. Nous allons nous proposer de trouver tous les diviseurs d'un nombre, soit 756 le nombre donné.

Décomposons d'abord 756 en facteurs premiers on trouve

$$756 = 2^2 \times 3^3 \times 7.$$

écrivons successivement sur une ligne horizontale l'unité et les puissances successives des facteurs premiers de $2^2 \times 3^3 \times 7$ jusqu'à celle qui entre comme facteur dans ce produit, on obtient le tableau suivant.

$1, 2, 2^2,$
$1, 3, 3^2, 3^3,$
$1, 7,$

Ce tableau renferme évidemment tous les diviseurs premiers de 756, et tous les diviseurs composés avec un seul de ses diviseurs premiers. Il est à remarquer que les diviseurs d'une ligne horizontale sont premiers avec les diviseurs d'une autre ligne horizontale. Par conséquent tous les produits qu'on pourra former avec des facteurs pris chacun dans une ligne horizontale particulière, seront des diviseurs du nombre proposé (150); et ce nombre ne pourra pas non plus avoir d'autre diviseurs, puisqu'il n'est décomposable qu'en un seul système de facteurs premiers (163). On obtiendra évidemment tous ces produits en multipliant tous les diviseurs de la seconde ligne horizontale par chacun des diviseurs de la première ligne horizontale et les produits ainsi obtenus par chacun des diviseurs de la troisième ligne horizontale. Nous avons mis 1 au commencement de chacune de ces lignes, afin de retrouver parmi les produits les diviseurs du tableau.

On dispose ordinairement l'opération de la manière suivante :

		1
756	2	2
378	2	4
189	3	3, 6, 12.
63	3	9, 18, 36.
21	3	27, 54, 108.
7	7	7, 14, 28, 21, 42, 84, 63, 126, 252, 189, 738, 756.

Les deux premières colonnes à gauche représentent la décomposition de 756 en facteurs premiers. À droite de ces deux colonnes sont tous les diviseurs cherchés. Pour les former on commence par écrire 1, comme l'indique l'opération. On le multiplie par le premier facteur 2 de la deuxième colonne, et l'on écrit le produit à droite de ce facteur. On multiplie ensuite les 2 diviseurs ainsi obtenus par le second facteur 2 de la deuxième colonne verticale. On reproduit ainsi le diviseur 2, que l'on n'écrit pas et le diviseur 4, que l'on place à droite du second facteur 2. On continue ainsi à multiplier tous les diviseurs déjà trouvés par le facteur premier suivant de la deuxième colonne, en omettant les diviseurs déjà obtenus, et écrivant lest autres successivement à sa droite.

171. Remarque. Le nombre des diviseurs d'un nombre est égal au produit des exposants des facteurs premiers de ce nombre augmentés chacun d'une unité.

Ainsi le nombre des diviseurs de 756 est $(2+1)$ $(3+1)$ $(1+1)$ ou 24. Cela résulte de ce que les diviseurs de 756 sont les termes du produit $(1+2+2^2)(1+3+3^2+3^3)(1+7)$. Or ce produit, d'après le théorème (32), contiendra 24 termes, c'est-à-dire le produit des nombres obtenus, en faisant la somme des termes de chaque facteur, ce qui donne $(2+1)$ $(3+1)$ $(1+1)$.

172. On obtient les diviseurs communs de plusieurs nombres, en cherchant les diviseurs de leur p. g. c. d. (133).

Ainsi le p. g. c. d. de 15120, 8316 et 15876 est 756. En cherchant les diviseurs de 756, on obtiendra les diviseurs communs de 15120, 8316 et 15876. Ce sont les diviseurs précédemment obtenus (170).

173. On reconnaît que plusieurs nombres sont premiers entre eux, lorsque après les avoir décomposés en facteurs premiers, on ne leur trouve aucun facteur premier commun (145).

Les nombres 440, 165, 119 décomposés en facteurs premiers donnent $440 = 2^3 \times 5 \times 11$, $165 = 5^2 \times 7$, $119 = 3^2 \times 13$. Ces nombres n'ayant aucun facteur premier commun sont premiers entre eux.

174. Théorème. — Quand un nombre est carré parfait, les exposants de ses facteurs premiers sont pairs.

En effet, soit n^2 un carré parfait, les facteurs premiers de n^2 ne sont autres évidemment que les facteurs premiers de sa racine carrée n. Soit $n = a^4 \times b^3 \times d$. Comme on élève un produit de plusieurs facteurs au carré, en multipliant par 2 les exposants des facteurs (65) (67(. On aura $n^2 = a^8 \times b^6 \times d^2$. Le théorème est démontré.

175. Corollaire. — Pour qu'un nombre soit carré parfait, il faut et il suffit que les exposants de ses facteurs premiers soient pairs. Cette condition est nécessaire d'après le théorème précédent, et elle est suffisante d'après les théorèmes (76) et (77).

Remarque. — Le dernier chiffre du carré d'un nombre est toujours le dernier chiffre du carré de sa racine. Les carrés des neuf premiers nombres étant terminés par les chiffres 1, 4, 5, 6, 9, tout nombre qui ne sera pas terminé par l'un de ces chiffres ne sera pas carré parfait.

176. Théorème. — Quand un nombre est cube parfait, les exposants de ces facteurs premiers sont multiples de 3.

En effet, soit n^3 un cube parfait, les facteurs premiers de n^3 ne sont autres évidemment que les facteurs premiers de sa racine cubique n. Soit $n = a^3 \times b^3 \times d$. Comme on élève un produit de plusieurs facteurs au cube en multipliant par 3 les exposants de ces facteurs (65) (67), on aura $n^3 = a^9 \times b^6 \times d^3$, le théorème est démontré.

177. Corollaire. — Pour qu'un nombre soit cube parfait, il faut et il suffit que les exposants de ses facteurs premiers soient multiples de 3. Cette condition est nécessaire d'après le théorème précédent, et elle est suffisante d'après les théorèmes (86) (77).

En général pour qu'un nombre soit une puissance $n^{ième}$ parfaite, il faut et il suffit que les exposants de ses facteurs premiers soient multiples de n. On pourrait établir cette proposition de la même manière que les corollaires (175) (177).

LIVRE II

NOMBRES FRACTIONNAIRES.

CHAPITRE PREMIER.

PROPRIÉTÉS GÉNÉRALES DES FRACTIONS.

178. Nous avons expliqué dans l'introduction l'origine des nombres fractionnaires.

Il peut arriver que la quantité à mesurer soit plus petite que l'unité; dans ce cas le nombre fractionnaire, qui la représente n'a pas de partie entière. On le désigne alors particulièrement sous le nom de fraction proprement dite.

On exprime une fraction à l'aide de deux nombres : l'un appelé dénominateur indique en combien de parties égales l'unité a été partagée, l'autre appelée numérateur indique le nombre de parties que l'on prend. Le numérateur et le dénominateur s'appellent les termes de la fraction.

On écrit une fraction en plaçant le numérateur au-dessus du dénominateur et les séparant par un trait horizontal; comme $\frac{4}{7}$ Dans les résultats on se sert aussi d'un trait oblique comme dans 5/9.

On lit une fraction, en énonçant d'abord le numérateur comme un nombre entier, puis le dénominateur encore comme un nombre entier, auquel on ajoute seulement la terminaison ième. Aussi $\frac{4}{7}$ s'énonce quatre septièmes, 5/9 s'énonce cinq neuvièmes.

Il n'y a d'exception à cette règle que pour les dénominateurs

2, 3, 4, que l'on énonce demies, tiers, quarts. Ainsi $\frac{3}{4}$ s'énonce trois quarts. Lorsque les deux termes d'une fraction, ou l'un d'eux seulement, sont représentés par des expressions d'opérations à effectuer, on lit ces expressions à la manière ordinaire, en les séparant par le mot sur. Ainsi $\frac{4}{7+9}$, $\frac{5 \times 3}{8}$, $\frac{9-4}{7 \times 6}$ s'énoncent 4 sur $7+9$, 5×3 sur 8, $9-4$ sur 7×6.

179. Théorème. — Une fraction peut être considérée comme le quotient de la division du numérateur par le dénominateur.

Ainsi je dis que $4 : 7 = \frac{4}{7}$.

En effet on a $4 = 1 + 1 + 1 + 1$.

Nous ferons remarquer que le quotient de 1 par 7 est un nombre 7 fois plus petit que 1 que l'on appelle $\frac{1}{7}$; de sorte que l'on a

$$4 : 7 = \frac{1}{7} + \frac{1}{7} + \frac{1}{7} + \frac{1}{7} \text{ (48).}$$

Le second membre contient 4 fois $\frac{1}{7}$ ce que l'on désigne par $\frac{4}{7}$ on a donc

$$4 : 7 = \frac{4}{7}$$

(on s'explique ainsi pourquoi on se sert aussi d'un trait horizontal pour indiquer la division (43).)

D'après le premier point de vue (178), une fraction devrait toujours être plus petite que 1, et par conséquent avoir toujours le numérateur plus petit que le dénominateur ; mais d'après le dernier point de vue (179), une fraction peut avoir pour numérateur un nombre entier quelconque et par conséquent peut être plus grande que 1. D'où il résulte, que les nombres fractionnaires se désignent aussi sous le nom de fractions. C'est ainsi qu'on les désigne dans l'étude de leur opérations. On appelle alors particulièrement nombre fractionnaire un nombre entier accompagné d'une fraction proprement dite comme $3 + \frac{5}{7}$.

D'après les considérations précédentes on définit une fraction une ou plusieurs parties égales de l'unité.

181. De cette définition résultent immédiatement les conséquences suivantes :

1° Quand deux fractions sont égales et ont même dénominateur, elles ont aussi même numérateur ; ou bien si elles ont même numérateur, elles ont aussi même dénominateur.

2° Quand deux fractions sont inégales et ont même numérateur, la plus grande a le plus petit dénominateur.

3° Quand deux fractions sont inégales et ont même dénominateur, la plus grande a le plus grand numérateur.

Quand le résultat d'une opération se présente sous la forme d'une fraction plus grande que l'unité, on le convertit ordinairement en nombre fractionnaire.

182. On convertit une fraction en nombre fractionnaire, en divisant son numérateur par son dénominateur, et ajoutant au quotient entier ainsi obtenu une fraction ayant pour numérateur le reste de la division et pour dénominateur le diviseur.

Considérons la fraction $\frac{25}{7}$

En divisant 25 par 7, on obtient 3 pour quotient et 4 pour reste ; de sorte que l'on a

$$25 = 3 \times 7 + 4.$$

Divisons les deux membres de cette égalité par 7 ; on aura

$$\frac{25}{7} = 3 + \frac{4}{7} \text{ (48) (179).}$$

183. Corollaire. — Lorsque la division de deux nombres entiers donne un reste, le quotient complet des deux nombres est égal au quotient entier obtenu, augmenté d'une fraction ayant pour numérateur le reste de la division et pour dénominateur le diviseur. Ainsi $458649 : 738 = \frac{458649}{738} = 621 + \frac{351}{738}$.

184. Théorème. — Quand on multiplie le numérateur d'une fraction par un certain nombre, la fraction devient ce nombre de fois plus forte.

Considérons les deux fractions $\frac{4}{7}$ et $\frac{20}{7}$, la seconde ayant été obtenue, en multipliant par 5 le numérateur de la première. Ces deux fractions ayant même dénominateur expriment des parties égales d'unité ; mais 20 est 5 fois plus grand que 4 ; donc la seconde fraction contient 5 fois plus de parties que la première, et par conséquent est 5 fois plus grande que la première.

185. On démontrerait de même que quand on divise le numérateur d'une fraction par un certain nombre, la division se faisant exactement, la fraction devient ce nombre de fois plus petite.

186. Théorème. — Quand on multiplie le dénominateur d'une fraction par un certain nombre, la fraction devient ce nombre de fois plus petite.

Considérons les deux fractions $\frac{3}{4}$ et $\frac{3}{28}$, la seconde ayant été obtenue, en multipliant par 7 le dénominateur de la première.

Les parties d'unité de la seconde sont 7 fois plus petites que celles de la première; car les 28ièmes peuvent être obtenues, en divisant d'abord l'unité en 4 parties égales, puis chacune de ces parties en 7 parties égales, et les nouvelles parties sont alors évidemment 7 fois plus petites que les premières. Ainsi les 28iemes sont 7 fois plus petits que les quarts ; et comme les deux fractions expriment le même nombre de parties ; puisque les numérateurs sont les mêmes, il en résulte que la seconde fraction est 7 fois plus petite que la première.

187. On démontrerait de la même manière, que lorsqu'on divise le dénominateur d'une fraction par un certain nombre, la division se faisant exactement, la fraction devient ce nombre de fois plus forte.

188. Théorème. — Une fraction ne change pas de valeur, quand on multiplie ses deux termes par un même nombre.

Considérons les deux fractions $\frac{7}{9}, \frac{35}{45}$, la seconde ayant été obtenue en multipliant par 5 les deux termes de la première. Ces deux fractions sont égales.

En effet multiplions d'abord de numérateur de la première fraction par 5, on obtient la fraction $\frac{35}{9}$ 5 fois plus grande que la première (184). Multiplions maintenant le dénominateur de cette seconde fraction par 5 on obtint la fraction $\frac{35}{45}$ 5 fois plus petite que la seconde (186). La fraction $\frac{35}{45}$ ayant été obtenu en rendant la fraction $\frac{7}{9}$ successivement 5 fois plus grande et 5 fois plus petite, lui est par conséquent égale.

189. On démontrerait de la même manière qu'une fraction ne change pas de valeur, quand on divise ses deux termes par un même nombre, les divisions se faisant sans reste.

SIMPLIFICATION DES FRACTIONS.

190. On simplifie une fraction en divisant ses deux termes par un même nombre, ce qui ne change pas sa valeur (189). Ainsi en divisant par 6 les deux termes de la fraction $\frac{12}{36}$ on a la fraction plus simple $\frac{2}{6}$ égale à la première.

On appelle fraction irréductible une fraction qui n'est pas susceptible d'être simplifiée.

Quand une fraction est irréductible ses deux termes sont premiers entre eux. Car si les deux termes n'étaient pas premiers entre eux, on pourrait encore simplifier la fraction en les divisant par un même nombre. Par conséquent la fraction ne serait pas irréductible, ce qui est contre l'hypothèse.

191. Théorème. — Toute fraction égale à une fraction dont les deux termes sont premiers entre eux, a ses deux termes équimultiples des termes de la première.

En effet soit une fraction $\frac{a}{b}$ égale à la fraction $\frac{4}{7}$, dont les deux termes sont premiers entre eux.

De l'égalité $\frac{a}{b} = \frac{4}{7}$

on tire, en multipliant les deux termes de la première fraction par 7, les deux termes de la seconde par b.

$$\frac{a \times 7}{b \times 7} = \frac{4 \times b}{7 \times b} \text{ (188).}$$

Ces deux fractions étant égales et ayant même dénominateur ont aussi même numérateur (182), donc

$$a \times 7 = 4 \times b \text{ (A).}$$

7 divise $a \times 7$; donc il divise le produit égal $4 \times b$; mais il est premier avec 4; donc il divise b; par conséquent on peut écrire

$$b = 7 \times m.$$

En portant cette valeur de b dans (A), il vient

$$a \times 7 = 4 \times 7 \times m,$$

d'où, en divisant par 7

$$a = 4 \times m.$$

Donc a et b sont des équimultiples de 4 et de 7.

192. Corollaire I. — Une fraction dont les deux termes sont premiers entre eux est une fraction irréductible.

193. Corollaire II. — Deux fractions irréductibles ne peuvent être égales qu'autant qu'elles sont identiques, car si elles n'étaient pas identiques, les termes de l'une seraient des équimultiples des termes de l'autre (191), et alors la première fraction ne serait pas irréductible (190).

Il résulte de ce corollaire, que, quel que soit le procédé par lequel on rende une fraction irréductible, on arrivera toujours au même résultat.

194. On réduit une fraction à sa plus simple expression, en divisant ses deux termes par leur plus grand commun diviseur.

En effet, les deux termes de la fraction sont alors premiers entre eux (138). Par conséquent la fraction est irréductible (192).

Dans la pratique on ne procède d'abord à la recherche du plus grand commun diviseur des deux termes de la fraction, que lorsqu'on n'aperçoit pas de facteur commun à ses deux termes. Mais si l'on reconnaît des facteurs communs aux deux termes de la fraction, on commence par supprimer ces facteurs communs. Il arrive alors souvent que la suppression de ces facteurs rend évidemment la fraction irréductible; que si après leur suppression, on ne sait pas reconnaître si la fraction est irréductible ; on cherche le plus grand commun diviseur des termes de la fraction ainsi simplifiée, si on en trouve un, on le supprime, et la fraction est réduite à sa plus simple expression, si on n'en trouve pas, c'est que la fraction était déjà irréductible.

Ainsi considérons la fraction $\frac{60}{96}$. En supprimant successivement les facteurs 2 et 3 communs à ces deux termes on arrive à $\frac{5}{8}$, qui est évidemment irréductible.

Considérons maintenant la fraction $\frac{195}{273}$. Après avoir supprimé le facteur 3 commun à ses deux termes, on obtient $\frac{65}{91}$. Comme on ne voit pas immédiatement si cette fraction est irréductible, nous allons chercher le plus grand commun diviseur de ses deux termes. On obtient 13. En supprimant ce facteur, on a $\frac{5}{7}$, qui est la plus simple expression de la fraction proposée.

Enfin considérons la fraction $\frac{110}{189}$. Aucun facteur commun n'apparaissant à ses deux termes, cherchons leur plus grand commun diviseur. On trouve 1. Donc la fraction est irréductible.

RÉDUCTION DES FRACTIONS AU MÊME DÉNOMINATEUR.

195. On réduit plusieurs fractions au même dénominateur, en multipliant les deux termes de chacune d'elles par le produit des dénominateurs de toutes les autres.

Soit à réduire au même dénominateur les fractions $\frac{2}{3}\ \frac{4}{5}\ \frac{3}{7}$ on a (189)

$$\frac{2}{3}=\frac{2\times5\times7}{3\times5\times7}=\frac{70}{105},$$
$$\frac{4}{5}=\frac{4\times3\times7}{5\times3\times7}=\frac{84}{105},$$
$$\frac{3}{7}=\frac{3\times3\times5}{7\times3\times5}=\frac{45}{105}.$$

Les fractions $\frac{70}{105}, \frac{84}{105}, \frac{45}{105}$ sont les fractions proposées réduites au même dénominateur.

Remarque. — Le dénominateur commun des nouvelles fractions est évidemment un multiple commun des dénominateurs des fractions proposées.

196. Tout multiple commun des dénominateurs de plusieurs fractions peut servir de dénominateur commun à ces fractions. Pour cela, il n'y a qu'à diviser ce multiple commun par le dénominateur de chaque fraction, et à multiplier les deux termes par le quotient ainsi obtenu.

Soit les fractions $\frac{7}{8}\ \frac{5}{6}\ \frac{9}{12}$ et 48 un multiple commun de leurs dénominateurs. Divisons 48 par 8, on obtient 6, et en multipliant par 6 les deux termes de $\frac{7}{8}$, on a la fraction égale $\frac{42}{48}$. On trouve de même $\frac{5}{6} = \frac{40}{48}$, et $\frac{9}{12} = \frac{36}{48}$. Ainsi $\frac{42}{48}, \frac{40}{48}, \frac{36}{48}$ sont les fractions proposées réduites au dénominateur 48.

197. On réduit plusieurs fractions irréductibles à leur plus petit dénominateur commun, en leur donnant pour dénominateur commun le plus petit multiple commun de leurs dénominateurs.

En effet, tout dénominateur commun de plusieurs fractions irréductibles ne peut être qu'un multiple commun de leurs dénominateurs (191) (192). Par conséquent le plus petit multiple de ces dénominateurs sera le plus petit dénominateur commun.

Ainsi considérons les fractions irréductibles $\frac{7}{12}\ \frac{4}{15}\ \frac{5}{18}$.

Le plus petit multiple commun des dénominateurs est, d'après les calculs qui suivent, 180.

$$\begin{array}{r|l} 12 & 2 \\ 6 & 2 \\ 3 & 3 \end{array} \quad \begin{array}{r|l} 15 & 3 \\ 5 & 5 \\ & \end{array} \quad \begin{array}{r|l} 18 & 2 \\ 9 & 3 \\ 3 & \end{array} \quad \begin{array}{l} 12 = 2^2 \times 3 \\ 15 = 3 \times 5 \\ 18 = 2 \times 3^2 \end{array} \quad 2^2 \times 3^2 \times 5 = 180.$$

En faisant servir 180 de dénominateur commun à ces fractions (196), on a $\frac{105}{180}\ \frac{48}{180}\ \frac{50}{180}$ pour les fractions proposées réduites à leur plus petit dénominateur commun.

198. Remarque I. — On cherche dans ce cas le plus petit multiple commun des dénominateurs par leur décomposition en facteurs premiers : parce que les quotients de ce plus petit multiple par chacun des dénominateurs s'obtiennent plus simplement d'après (69).

On peut souvent abréger la recherche du plus petit multiple commun en écrivant immédiatement les produits des facteurs premiers auxquels sont égaux les dénominateurs, quand ils ne sont pas considérables ; ou en observant si le plus grand d'entre eux n'est pas multiple des autres, auquel cas il serait le plus petit multiple commun.

199. Remarque II.—Lorsque les dénominateurs sont premiers entre eux deux à deux, leur produit est leur plus petit multiple commun (169) ; de sorte que l'application de la première méthode (195) réduit alors les fractions à leur plus petit dénominateur commun.

Remarque III. — Si les fractions n'étaient pas irréductibles, le plus petit multiple commun de leurs dénominateurs pourrait ne pas être le plus petit dénominateur commun. Il ne serait pas le plus petit dénominateur commun, si les dénominateurs de ces fractions contenaient des facteurs premiers étrangers aux dénominateurs de ces mêmes fractions rendues irréductibles.

Aussi considérons les fractions irréductibles $\frac{7}{12}, \frac{4}{15}, \frac{5}{18}$. Multiplions les deux termes de la seconde par le facteur 7 étranger aux dénominateurs de ces fractions. On a alors les fractions $\frac{7}{12}, \frac{28}{105}, \frac{5}{18}$, qui ne sont plus irréductibles. Le plus petit multiple commun de leurs dénominateurs est 1260. Si on le fait servir de dénominateur commun à ces fractions on obtient $\frac{735}{1260}, \frac{336}{1260}, \frac{350}{1260}$, qui ne sont plus les fractions proposés réduites à leur plus petit dénominateur commun; puisque nous avons trouvé que ces fractions sont égales à $\frac{105}{180}, \frac{48}{180}, \frac{50}{180}$.

CHAPITRE II

OPÉRATIONS FONDAMENTALES.

ADDITION.

200. L'addition des fractions a pour but de former une fraction appelée somme ou total, qui contienne autant de parties de l'unité, qu'il y en a dans plusieurs autres fractions données.

En combinant cette définition avec celles des nombres entiers, on peut dire, que l'addition des nombres entiers et fractionnaires a pour but de former un nombre appelé somme ou total, qui contienne à lui seul autant d'unités et de parties de l'unité, qu'il y en a dans les nombres donnés.

L'addition des fractions présente deux cas : 1° l'addition des fractions ; 2° l'addition des nombres fractionnaires.

201. Premier cas. — Si les fractions ont même dénominateur on les additionne en ajoutant leurs numérateurs et donnant à cette somme pour dénominateur le dénominateur commun.

Ainsi $\frac{3}{7}+\frac{5}{7}+\frac{9}{7}=\frac{17}{7}=2+\frac{3}{7}$ (182).

En effet les dénominateurs étant les mêmes, les fractions expriment des parties égales de l'unité ; les numérateurs exprimant les nombres de ces parties, on aura par conséquent la somme de ces parties, en faisant la somme des numérateurs ; et pour faire exprimer ensuite à cette somme ces mêmes parties, il faudra lui donner pour dénominateur le dénominateur commun.

202. Si les fractions n'ont pas même dénominateur, il faut pour les additionner les réduire au même dénominateur; car de même qu'on ne peut ajouter que des unités de même espèce, de même on ne peut ajouter que des parties égales d'unité. Pour plus de simplicité on réduit en général les fractions à leur plus petit dénominateur commun. On opère ensuite comme nous l'avons indiqué (201).

Ainsi

$$\frac{2}{3}+\frac{7}{8}+\frac{5}{6}=\frac{16}{24}+\frac{21}{24}+\frac{20}{24}=\frac{57}{24}=2+\frac{9}{24}=2+\frac{3}{8}\ (191).$$

203. Deuxième cas. — On fait l'addition des nombres fractions, en faisant d'abord l'addition des fractions, extrayant de cette somme les entiers, s'il y en a, et les ajoutant à la somme des entiers.

Soit à addtiionner

$$\left(5+\frac{7}{8}\right)+\left(7+\frac{5}{6}\right)+\left(2+\frac{11}{12}\right).$$

Les fractions $\frac{7}{8}, \frac{5}{6}, \frac{11}{12}$ réduites à leur plus petit dénominateur commun deviennent $\frac{21}{24}, \frac{20}{24}, \frac{22}{24}$ (197). Leur somme donne $\frac{63}{24}=2+\frac{15}{24}=2+\frac{5}{8}$. Ajoutons d'abord 2 à la somme des entiers $5+7+2$; on obtient 16 ; et en ajoutant à 16 la fraction restante $\frac{5}{8}$, on a $16+\frac{5}{8}$ pour la somme demandée.

204. On peut avoir à ajouter des fractions, des nombres fractionnaires et des nombres entiers ; on procède alors comme dans le cas des nombres fractionnaires. Car ces additions reviennent évidemment à ajouter des nombres entiers et des fractions.

Ainsi soit à ajouter $7, \frac{4}{5}, \left(3+\frac{9}{10}\right)$ La somme des fractions donne $1+\frac{7}{10}$; la somme des entiers donne 11 ; la somme demandée est $11+\frac{7}{10}$.

On a souvent besoin dans les opérations de convertir un nombre fractionnaire en fraction.

205. On convertit un nombre fractionnaire en fraction, en multipliant le nombre entier par le dénominateur de la fraction, ajoutant au produit le numérateur, et donnant à la somme pour dénominateur le dénominateur de la fraction.

Considérons le nombre fractionnaire $7+\frac{5}{9}$

Nous dirons 1 unité vaut $\frac{9}{9}$, 7 unités vaudront 7 fois plus, ou $\frac{9\times 7}{9}=\frac{63}{9}$ (184) ; et en ajoutant $\frac{5}{9}$ à $\frac{63}{9}$, on a $\frac{68}{9}$ pour la fraction demandée (201).

206. Corollaire. — On réduit un nombre entier en une fraction d'un certain dénominateur, en multipliant le nombre entier par le dénominateur, et en donnant à la fraction ce produit pour numérateur. Ainsi 4 réduit en septièmes donne $\frac{4\times 7}{7}=\frac{28}{7}$.

SOUSTRACTION.

207. La soustraction des fractions a pour but, étant données la somme des deux fractions et l'une d'elles, de trouver l'autre. Le résultat s'appelle encore reste, excès ou différence.

En combinant cette définition avec celle des nombres entiers, on peut dire que la soustraction des nombres entiers et fractionnaires a pour but, étant donnés la somme de deux nombres entiers ou fractionnaires et l'un deux, de trouver l'autre.

La soustraction des fractions présente deux cas : 1° la soustraction des fractions ; 2° la soustraction des nombres fractionnaires.

208. Premier cas. — Si les fractions ont même dénominateur, on obtient leur différence en faisant la différence des numérateurs, et donnant à cette différence pour dénominateur le dénominateur commun.

Ainsi $\frac{11}{7}-\frac{5}{7}=\frac{6}{7}$.

En effet, $\frac{7}{7}$ augmentée de la plus petite fraction $\frac{5}{7}$ donne la plus grande $\frac{11}{7}$. $\frac{6}{7}$ est donc d'après la définition (207) la différence demandée.

209. Si les fractions n'ont pas même dénominateur, il faut pour obtenir leur différence les réduire au même dénominateur; car de même qu'on ne peut soustraire l'un de l'autre que des nombres dont les unités sont de même espèce, de même on ne peut soustraire l'une de l'autre que des fractions exprimant des parties égales d'unité. Pour plus de simplicité, on réduit en général les fractions au plus petit dénominateur commun. On procède ensuite comme nous l'avons indiqué (208).

Ainsi $\frac{11}{15} - \frac{7}{12} = \frac{44}{60} - \frac{35}{60} = \frac{9}{60} = \frac{3}{20}$ (191).

210. Deuxième cas. — On fait la soustraction de deux nombres fractionnaires en faisant d'abord la soustraction des fractions, puis celle des entiers, et en ajoutant les résultats.

Soit à soustraire $\left(5 + \frac{2}{3}\right)$ de $\left(9 + \frac{7}{8}\right)$.

On retranche d'abord $\frac{2}{3}$ de $\frac{7}{8}$ ce qui donne $\frac{5}{24}$ (209) ; puis on retranche 5 de 9, ce qui donne 4, et en ajoutant **4** à $\frac{5}{24}$, on a $4 + \frac{5}{24}$ pour la différence demandée.

211. Il peut arriver que la fraction du plus petit nombre fractionnaire soit plus grande que celle du plus grand ; alors après avoir réduit les fractions au même dénominateur, on augmente la fraction du plus grand nombre fractionnaire d'une unité, et on opère la soustraction devenue possible. On ajoute ensuite une unité au nombre entier du plus petit nombre fractionnaire, avant d'opérer la soustraction des nombres entiers.

Ainsi, soit à soustraire $5 + \frac{7}{8}$ de $9 + \frac{2}{3}$. Les fractions réduites au même dénominateur deviennent $\frac{21}{24}$ $\frac{16}{24}$. Comme de $\frac{16}{24}$ on ne peut pas retrancher $\frac{21}{24}$, augmentons $\frac{16}{24}$ d'une unité ou de $\frac{24}{24}$, on obtient $\frac{40}{24}$; en en retranchant $\frac{21}{24}$, on a $\frac{19}{24}$. Ajoutons 1 à 5 et retranchons 6 de 9, on obtient 3. En ajoutant 3 à $\frac{19}{24}$, on a $3 + \frac{19}{24}$ pour la différence demandée (14).

212. On peut avoir à retrancher une fraction d'un nombre entier et réciproquement. Ces cas rentrent dans le premier ; car en donnant 1 pour dénominateur au nombre entier, on retombe sur la soustraction de deux fractions.

Ainsi $4-\frac{2}{3}=\frac{4}{1}-\frac{2}{3}=\frac{4\times 3}{3}-\frac{2}{3}=\frac{12}{3}-\frac{2}{3}=\frac{10}{3}=3+\frac{1}{3}$.

D'où il résulte, que l'on retranche une fraction d'un nombre entier et réciproquement, en réduisant le nombre entier en fraction de même dénominateur, et faisant ensuite la soustraction des fractions.

CHANGEMENT QU'ÉPROUVE UNE FRACTION, QUAND ON AJOUTE UN MÊME NOMBRE A SES DEUX TERMES.

213. THÉORÈME. — Quand on ajoute un même nombre aux deux termes d'une fraction, cette fraction augmente, si elle est plus petite que l'unité ; elle diminue, si elle est plus grande que l'unité.

Soit la fraction $\frac{4}{7}<1$. Ajoutons 5 à ses deux termes ; on a $\frac{9}{12}$

Il s'agit de démontrer $\frac{9}{12}>\frac{4}{7}$.

Observons que l'excès de 1 sur $\frac{9}{12}$ est égal à $\frac{12}{12}-\frac{9}{12}=\frac{3}{12}$; que l'excès de 1 sur $\frac{4}{7}$ est égal a $\frac{7}{7}-\frac{4}{7}=\frac{3}{7}$. Or $\frac{3}{12}$ est plus petit que $\frac{3}{7}$; donc $\frac{9}{12}$ approche plus de 1 que $\frac{4}{7}$, c'est-à-dire $\frac{9}{12}>\frac{4}{7}$

Soit maintenant la fraction $\frac{11}{9}>1$. Ajoutons 5 à ses deux termes ; on a $\frac{16}{14}$. Il s'agit de démontrer $\frac{16}{14}<\frac{11}{9}$.

Observons que l'excès de $\frac{16}{14}$ sur 1 est $\frac{2}{14}$; que l'excès de $\frac{11}{9}$ sur 1 est $\frac{2}{9}$, or $\frac{2}{14}$ est plus petit que $\frac{2}{9}$; donc $\frac{16}{14}$ surpasse 1 moins que ne le surpasse $\frac{11}{9}$, c'est-à-dire $\frac{16}{14}<\frac{11}{9}$.

214. On appelle quantité variable toute quantité susceptible de prendre différentes valeurs dans un calcul.

Par opposition on appelle quantité constante toute quantité, qui dans un calcul conserve la même valeur.

On appelle limite d'une quantité variable une quantité fixe et finie, dont la quantité variable peut approcher indéfiniment sans jamais l'atteindre.

Les limites constituent la plus simple des particularités, que présente l'étude des quantités. C'est aussi la plus féconde en résultats. Nous engageons les élèves à porter particulièrement leur attention sur tout ce que nous dirons au sujet des limites dans cet ouvrage.

Une limite peut être représentée par un nombre entier, fractionnaire, incommensurable.

On démontre qu'une quantité fixe et finie est limite d'une quantité variable, en faisant voir que leur différence peut devenir infiniment petite.

215. Téorème. — L'unité est la limite des valeurs que prend une fraction, quand on ajoute un nombre de plus en plus grand à ses deux termes.

En effet, considérons la fraction $\frac{4}{7} < 1$. Ajoutons un nombre entier indéterminé m à ses deux termes, on a

$$\frac{4+m}{7+m} > \frac{4}{7} \text{ (213)}.$$

Supposons que m varie, la fraction $\frac{4+m}{7+m}$ variera aussi ; de sorte que m étant une quantité variable, la fraction devient aussi une quantité variable. Mais quelle que soit la valeur de m, la fraction reste plus petite que 1 ; car le numérateur est toujours plus petit que le dénominateur. L'excès de 1 sur la fraction est égal à

$$\frac{7+m}{7+m} - \frac{4+m}{7+m} = \frac{3}{7+m} \text{ (200)}.$$

Or $\frac{3}{7+m}$ diminue, quand m augmente ; et devient évidemment infiniment petit quand m est infiniment qu'and. La différence entre 1 et $\frac{4+m}{7+m}$ est donc alors infinim nt petite. Par conséquent 1 est la limite de $\frac{4+m}{7+m}$ qnaud m tend à devenir infiniment grand.

La démonstration serait analogue, si on considérait une fraction plus grande que 1.

MULTIPLICATION

216 La multiplication des fractions est une opération qui a pour but de composer une fraction appelée produit avec une autre appelée multiplicande, comme une autre appelée multiplicateur se compose avec l'unité.

Nous ferons remarquer que la multiplication des nombres entiers revient à composer le produit avec le multiplicande, comme le multiplicateur se compose avec l'unité. Ainsi considérons la multiplication de 7 par 5 ; supposons que nous voulions composer un nombre avec 7, comme 5 se compose avec 1. 5 se compose avec 1, en répétant 1 5 fois ; donc le nombre demandé se composera avec 7, en répétant 7 5 fois par conséquent ce nombre sera le produit de 7 par 5 (20).

D'après cette remarque, en combinant la définition de la multiplication des fractions avec celle des nombres entiers (20), on peut dire : que la multiplication des nombres entiers et fractionnaires a pour but de composer un nombre appelé produit avec un autre appelé multiplicande, comme un autre appelé multiplicateur se compose avec l'unité.

La multiplication des fractions présente deux cas : 1° la multiplication des fractions, 2° la multiplication des nombres fractionnaires.

217. Premier cas. — On multiplie une fraction par une fraction, en multipliant les numérateurs entre eux et les dénominateurs entre eux.

Ainsi

$$\frac{5}{8} \times \frac{4}{7} = \frac{5 \times 4}{8 \times 7}.$$

En effet d'après la difinition le produit doit se composer avec $\frac{5}{8}$, comme $\frac{4}{7}$ se compose avec un 1. Or $\frac{4}{7}$ se compose avec 1, en prenant 4 fois le 7me de 1 ; donc le produit se composera avec

$\frac{}{8,}$ en prenant 4 fois le 7me de $\frac{5}{8}$. le 7me de $\frac{5}{8}$ est $\frac{5}{8 \times 7}$ (186) et 4 fois ce 7me, ou le produit chreché sera $\frac{5 \times 4}{8 \times 7}$ (184). En opérant on trouve $\frac{5}{2 \times 7} = \frac{5}{14}$

218. Deuxième cas. On multiplie deux nombres fractionnaires l'un par l'autre, en les convertissant en fractions, et multipliant les fractions résultantes d'après la règle de la multiplication des fractions.

Ainsi

$$\left(3 + \frac{4}{5}\right)\left(5 + \frac{2}{3}\right) = \frac{19}{5} \times \frac{17}{3} = \frac{19 \times 17}{5 \times 3} = \frac{323}{15} = 21 + \frac{8}{15}.$$

On peut ramener aux deux cas précédents tous les autres cas de la multiplication.

219 .Si l'on multiplie un nombre entier par une fraction, ou une faction par un nombre entier ; en donnant 1 pour dénominateur aux nombres entiers, on retombe sur la multiplication de deux fractions.

Ainsi

$$5 \times \frac{4}{7} = \frac{5}{1} \times \frac{}{7} = \frac{5 \times 4}{7} = \frac{20}{7} = 2 + \frac{6}{7}.$$

$$\frac{7}{9} \times 4 = \frac{7}{9} \times \frac{4}{1} = \frac{7 \times 4}{9} = \frac{28}{9} = 3 \mp \frac{1}{9}.$$

d'où il résulte que l'on multiplie un nombre entier par une fraction, ou une fraction par un nombre entier, en multipliant le numérateur par le nombre entier, et donnant au produit pour dénominateur le dénominateur de la fraction.

On voit que la multiplication d'un nombre entier par une fraction, ou d'une fraction par un nombre entier revient à rendre la fraction un certain nombre de fois plus grande ; ce qui se fait aussi en divisant le dénominateur par ce nombre, lorsque la division se fait exactement (187). Ce second procédé est préférable quand il peut être appliqué ; parce qu'il dispense de supprimer ce nombre entier comme facteur commun aux deux termes du produit.

Ainsi $\frac{5}{12} \times 4$ ou $4 \times \frac{5}{12} = \frac{5}{12 : 4} = \frac{5}{3} = 1 + \frac{2}{3}$.

220. Si l'on a à multiplier un nombre fractionnaire par une fraction ou un nombre entier, on convertit le nombre fractionnaire en fraction ; de sorte que ces cas sont compris dans le second.

$$\text{Ainsi } 7+\left(\frac{2}{3}\right)\frac{5}{9}=\frac{23}{3}\times\frac{5}{9}=\frac{115}{27}=4+\frac{7}{27}.$$

$$\left(9+\frac{5}{7}\right)4=\frac{68}{7}\times 4=\frac{272}{7}=38+\frac{6}{7}.$$

221. Remarque I. — Il résulte de la théorie de la multiplication des fractions (217), et des différents cas que nous avons examinés, que multiplier un nombre entier ou fractionnaire par une fraction, telle que $\frac{4}{7}$, revient à prendre les $\frac{4}{7}$ de ce nombre.

222. Remarque II. — Le produit d'un nombre entier ou fractionnaire par une fraction prodrement dite est toujours plus petit que le multiplicande. Car soit a ce multiplicande et $\frac{4}{7}$ le multiplicateur ; la multiplication de a par $\frac{4}{7}$ revient à prendre les $\frac{4}{7}$ de a, c'est-à-dire une partie de a. Or, une partie d'un nombre est plus petite que ce nombre.

Quand le multiplicateur est plus grand que 1, le produit est évidemment plus grand que le multiplicande.

DIVISION.

223. La division des fractions a pour but, étant donnés le produit de deux fractions appelé dividende et l'une d'elles appelé diviseur, de trouver l'autre appelé quotient.

En combinant cette définition avec celle des nombres entiers, on peut dire : que la division des nombres entiers et fractionnaires a pour but, étant donnés le produit de deux nombres entiers ou fractionnaires, et l'un d'eux, de trouver l'autre.

Quand on indique la division de deux fractions ou d'un nombre entier par une fraction, par un trait horizontal ; on renferme les fractions dans une parenthèse si c'est nécessaire pour éviter l'amphibologie. Ainsi

$$\frac{5}{7} : \frac{3}{4} \text{ s'écrira } \frac{\left(\frac{5}{7}\right)}{\left(\frac{3}{4}\right)} \text{ et } 3 : \frac{5}{9} \quad \frac{3}{\left(\frac{5}{9}\right)}.$$

La division des fractions présente deux cas : 1° la division des fractions, 2° la division des nombres fractionnaires.

224. 1er cas, on divise une fraction par une fraction en multipliant la fraction dividende par la fraction diviseur renversée. Ainsi

$$\frac{5}{8} : \frac{4}{7} = \frac{5 \times 7}{8 \times 4}.$$

En effet, appelons q le quotient de $\frac{5}{8}$ par $\frac{4}{7}$. D'après la définition (223), on doit avoir

$$q \times \frac{4}{7} = \frac{5}{8}.$$

Mais multiplier q par $\frac{4}{7}$; c'est prendre les $\frac{4}{7}$ de q (221). On peut donc dire que les $\frac{4}{7}$ du quotient valent $\frac{5}{8}$; ce que l'on écrit

$$\frac{4}{7} q = \frac{5}{8}.$$

Puisque les $\frac{4}{7}$ du quotient valent $\frac{5}{8}$ $\frac{1}{7}$ du quotient vaudra 4 fois moins. On aura donc

$$\frac{1}{7} q = \frac{5}{8 \times 4} \text{ (186)}.$$

Les $\frac{7}{7}$ du quotient ou le quotient tout entier vaudront par conséquent 7 fois plus.

Donc

$$q = \frac{5 \times 7}{8 \times 4} \text{ (184)}.$$

En opérant on trouve $\frac{35}{32} = 1 + \frac{3}{32}$ pour le produit cherché.

225. 2° cas. On divise deux nombres fractionnaires l'un par l'autre, en les convertissant en fractions, et divisant les fractions résultantes d'après la règle de la division des fractions.

Ainsi

$$\left(3+\frac{4}{5}\right):\left(5+\frac{2}{3}\right)=\frac{19}{5}\ \frac{17}{3}=\frac{19\times 3}{3\times 17}=\frac{57}{85}.$$

On peut ramener aux deux cas précédents tous les autres cas de la division.

226. Si l'on a à diviser un nombre entier par une fraction ou une fraction par un nombre entier ; en donnant 1 pour dénominateur aux nombres entiers, on retombe sur la division de deux fractions.

Ainsi

$$4:\frac{5}{7}=\frac{4}{1}:\frac{5}{7}=\frac{4\times 7}{5}=\frac{28}{5}=5+\frac{3}{5}.$$

$$\frac{5}{9}:6=\frac{5}{9}:\frac{6}{1}=\frac{5}{9\times 6}=\frac{5}{54}.$$

On voit que la division d'une fraction par un nombre entier revient à rendre cette fraction un certain nombre de fois plus petite. Ce qui se fait aussi, en divisant le numérateur par ce nombre, lorsque la division se fait exactement (185). Ce second procédé est préférable, quand il peut être appliqué ; parce qu'il dispense de supprimer ce nombre entier comme facteur aux deux termes du quotient.

Ainsi

$$\frac{15}{8}:5=\frac{15:5}{8}=\frac{3}{8}.$$

227. Si l'on a à diviser un nombre fractionnaire par une fraction ou un nombre entier, ou réciproquement un nombre entier ou une fraction par un nombre fractionnaire, on convertit le nombre fractionnaire en fraction ; de sorte que ces cas sont compris dans le second.

Ainsi

$$\left(4+\frac{2}{3}\right):\frac{6}{7}=\frac{14}{3}:\frac{6}{7}=\frac{14\times 7}{3\times 6}=\frac{7\times 7}{3\times 3}=\frac{49}{9}=5+\frac{4}{9}.$$

$$9:\left(3+\frac{1}{4}\right)=9:\frac{13}{4}=\frac{9\times 4}{13}=\frac{36}{13}=2+\frac{10}{13}.$$

228. Remarque. — Le quotient d'un nombre entier ou fractionnaire par une fraction proprement dite est toujours plus grand que le dividende. Car le produit du quotient par le diviseur devant être égal au dividende ; on voit que le dividende est seulement égal à une partie du quotient (221).

PUISSANCES DES FRACTIONS.

229. On appelle puissance d'une fraction le produit de plusieurs facteurs égaux à cette fraction.

Pour éviter l'amphibologie, on renferme dans une parenthèse la fraction dont on indique la puissance. Ainsi la quatrième puissance de $\frac{5}{7}$ s'écrit $\left(\frac{5}{7}\right)^4$.

On élève une fraction à une puissance, en élevant chacun de ses termes à cette puissance.

Ainsi

$$\left(\frac{5}{7}\right)^4 = \frac{5^4}{7^4} \text{ ; car } \left(\frac{5}{7}\right)^4 = \frac{5}{7} \times \frac{5}{7} \times \frac{5}{7} \times \frac{5}{7} = \frac{5 \times 5 \times 5 \times 5}{7 \times 7 \times 7 \times 7} = \frac{5^4}{7^4}.$$

RACINE CARRÉE DES FRACTIONS.

230. On appelle racine d'une fraction une autre fraction qui élevée à une certaine puissance reproduit la première.

L'extraction de la racine carrée des fractions présente deux cas : 1° l'extraction de la racine carrée des fractions ; 2° l'extraction de la racine carrée des nombres fractionnaires.

231. Premier cas. — Lorsque les deux termes de la fraction sont carrés parfaits ; on extrait la racine carrée de la fraction, en extrayant la racine carrée de ses deux termes.

Ainsi

$$\sqrt{\frac{25}{36}} = \frac{\sqrt{25}}{\sqrt{36}} = \frac{5}{6}.$$

car

$$\left(\frac{5}{6}\right)^2 = \frac{25}{36} \quad (230).$$

232. Théorème. — Quand une fraction irréductible est carré parfait, ses deux termes sont carrés parfaits.

En effet, soit $\frac{A}{B}$ une fraction irréductible carré parfait, et $\frac{a}{b}$ sa racine carrée, que nous supposerons irréductible; ce que l'on peut toujours supposer; car si cette racine n'était pas irréductible, on pourrait toujours la rendre telle (194). On a alors

$$\frac{A}{B}=\frac{a^2}{b^2}.$$

$\frac{a}{b}$ étant une fraction irréductible, a et b sont premiers entre eux (190). Par conséquent a^2 et b^2 sont aussi premiers entre eux (148). Donc $\frac{a^2}{b^2}$ est une fraction irréductible (192); et comme deux fractions irréductibles ne peuvent être égales qu'autant qu'elles sont identiques, on doit avoir $A=a^2$ $B=b^2$ (193).

233. Corollaire I. — Pour qu'une fraction irréductible soit carré parfait, il faut et il suffit que ses deux termes soient carrés parfaits. Cette condition est nécessaire d'après (232) et elle est suffisante d'après (231).

234. Corollaire II. — La racine carrée d'une fraction irréductible, dont les deux termes ne sont pas carrés parfaits, est incommensurable; car si elle était commensurable, elle ne pourrait être évidemment représentée que par une fraction $\frac{a}{b}$, que nous pouvons supposer irréductible, on aurait alors $\frac{a^2}{b^2}=\frac{A}{B}$, $\frac{A}{B}$ désignant la fraction irréductible proposée. D'où l'on déduirait $a^2=A$ (193); ce qui est absurde; car un nombre carré ne peut être égal à un autre, qui ne l'est pas.

235. Corollaire III. — La racine carrée d'un nombre entier non carré parfait est incommensurable; car si elle était commensurable, elle ne pourrait être évidemment représentée que par une fraction $\frac{a}{b}$, que nous supposerons irréductible. On aurait alors $\frac{a^2}{b^2}=A$, A désignant le nombre entier proposé; ce qui est absurde; puisque a^2 et b^2 sont premiers entre eux.

236. Théorème. — La racine carrée à moins d'une unité d'un nombre fractionnaire est la racine carrée à moins d'une unité de sa partie entière.

Ainsi 5, étant la racine carrée par défaut à moins d'une unité de 29, sera aussi la racine carrée à moins d'une unité de $29+\frac{4}{7}$.

En effet on a

$$5^2 < 29 < 6^2.$$

29 et 6^2 diffèrent au moins d'une unité ; puisque ces nombres sont entiers ; on aura donc aussi

$$5^2 < 29+\frac{4}{7} < 6^2,$$

d'où

$$5 < \sqrt{29+\frac{4}{7}} < 6.$$

On voit alors que 5 est la racine carrée à moins d'une unité de $29+\frac{4}{7}$.

Il en est de même évidemment de la racine carrée par excès, qui est 6.

237. Théorème. — Lorsqu'un nombre entier ou une fraction ne sont pas carrés parfaits, il existe toujours une fraction variable pouvant approcher aussi près qu'on veut de la racine carrée de ce nombre entier ou de cette fraction.

En effet désignons par A un nombre entier ou une fraction non carrés parfaits. Soit n un nombre entier indéterminé. Multiplions et divisons A par n^2 ; on aura

$$\sqrt{A} = \sqrt{\frac{A \times n^2}{n^2}}.$$

Prenons la racine carrée par défaut à moins d'une unité de $A \times n^2$. Si $A \times n^2$ est un nombre fractionnaire, on prendra pour cela la racine carrée de sa partie entière (236). Désignons par a cette racine, on aura évidemment

$$a^2 < A \times n^2 < (a+1)^2,$$

d'où

$$\frac{a^2}{n^2} < \frac{A \times n^2}{n^2} < \frac{(a+1)^2}{n^2},$$

d'où

$$\frac{a}{n} < \sqrt{\frac{A \times n^2}{n^2}} < \frac{a+1}{n} \text{ (231)}.$$

On voit alors que $\frac{a}{n}$ est la racine carrée de $\frac{A \times n^2}{n^2}$, c'est-à-dire de A, à moins de $\frac{1}{n}$. Supposons que nous donnions à n des valeurs croissantes ; $\frac{1}{n}$ deviendra de plus en plus petit, et par conséquent $\frac{a}{n}$ approchera de plus en plus de $\sqrt{A}$. Or comme on peut donner au nombre variable n une valeur aussi grande qu'on veut, il en résulte que la fraction variable $\frac{a}{n}$ peut approcher indéfiniment de $\sqrt{A}$, c'est-à-dire qu'elle a $\sqrt{A}$ pour limite, (214).

Si au lieu de prendre la racine carrée par défaut à moins d'une unité de $A \times n^2$; nous eussions pris sa racine carrée par excès à moins d'une unité. En désignant par a' cette racine, nous aurions trouvé par un raisonnement analogue la fraction $\frac{a'}{n}$ pouvant encore approcher indéfiniment de $\sqrt{A}$. Seulement tandis que $\frac{a}{n}$ reste constamment au dessous de $\sqrt{A}$, $\frac{a'}{n}$ reste au contraire constamment au-dessus.

238. Remarque. — Les définitions que nous avons données des racines carrées d'un nombre entier et d'une fraction (70) (230), ne sont applicables qu'au cas où le nombre entier et la fraction sont des carrés parfaits. Dans le cas contraire ces définitions seraient défectueuses ; puisqu'il n'y a pas alors de nombre entier ni de fraction, qui, élevés au carré, reproduisent le nombre entier ou la fraction proposés.

D'après le théorème précédent et les corollaires (234) (235), on définit la racine carrée d'un nombre entier ou d'une fraction, qui ne sont pas carrés parfaits, la limite d'une fraction variable, qui peut approcher indéfiniment de la racine carrée incommensurable de ce nombre entier ou de cette fraction.

239. Lorsque les deux termes de la fraction supposée irréductibles ne sont pas carrés parfaits, on ne peut pas obtenir exactement sa racine carrée (234). Si le dénominateur de la fraction est alors carré parfait, on extrait la racine carrée du numérateur à moins d'une unité, et on divise cette racine par celle du dénominateur.

Ainsi soit à extraire la racine carrée de $\frac{54}{81}$.

En opérant, comme nous venons de l'indiquer, on a $\frac{7}{9}$, qui, d'après un raisonnement employé au n° (237) est la racine carrée demandée à moins de $\frac{1}{9}$.

Lorsque le dénominateur de la fraction supposée irréductible n'est pas carré parfait, on peut toujours le rendre carré parfait en multipliant les deux termes par le dénominateur.

Ainsi, soit à extraire la racine carrée de $\frac{5}{6}$.

On a $\sqrt{\frac{5}{6}} = \sqrt{\frac{5 \times 6}{6^2}} = \sqrt{\frac{30}{6^2}}$.

En prenant la racine carrée de $\frac{30}{6^2}$, comme nous l'avons indiqué, on a $\frac{5}{6}$ pour la racine carrée à moins de $\frac{1}{6}$ de la fraction proposée.

Lorsque le dénominateur de la fraction supposée irréductible n'est pas premier, sans être carré parfait, on peut ordinairement le rendre carré parfait plus simplement que par la méthode précédente. Pour cela, on le décompose en facteurs premiers, et on multiplie les deux termes de la fraction par le produit des facteurs premiers seulement nécessaires pour rendre pairs les exposants des facteurs premiers du dénominateur de la fraction.

Ainsi, soit à extraire la racine carrée de $\frac{37}{360}$.

360 étant égal à $2^3 \times 3^2 \times 5$, il suffit, pour que 360 devienne carré parfait, de le multiplier par 2×5 (175). On a alors

$$\sqrt{\frac{37}{360}} = \sqrt{\frac{37\,(2 \times 5)}{(2^3 \times 3^2 \times 5)\,(2 \times 5)}} = \sqrt{\frac{370}{2^4 \quad 3^2 \quad 5}}$$

et en extrayant la racine carrée de $\frac{370}{2^4 \times 3^2 \times 5}$, comme nous l'avons indiqué, on a $\frac{28}{2^2 \times 3 \times 5} = \frac{28}{60} = \frac{7}{15}$ pour la racine carrée demandée à moins de $\frac{1}{60}$.

240. Deuxième cas. — On extrait la racine carrée d'un nombre fractionnaire, en le convertissant en fraction, et appliquant ensuite à cette fraction la règle de l'extraction de la racine carrée des fractions.

Soit à extraire la racine carrée de $7 + \frac{5}{12}$.

On a

$$\sqrt{7+\frac{5}{12}} = \sqrt{\frac{89}{12}} = \sqrt{\frac{89 \times 3}{(2^2 \times 3)\,3}} = \sqrt{\frac{267}{2^2 \times 3^2}}.$$

La racine carrée de $\frac{267}{2^2 + 3^2}$, obtenue comme précédemment, donne $\frac{16}{2 \times 3} = \frac{16}{6} = 2 + \frac{2}{3}$, qui est la racine carrée demandée à moins de $\frac{1}{6}$.

RACINES CARRÉES APPROCHÉES.

241. D'après le théorème (237), on peut obtenir la racine carrée d'un nombre entier ou d'une fraction avec une approximation aussi grande qu'on le veut. Nous allons nous proposer de déterminer ces racines carrées à moins d'une fraction $\frac{m}{n}$.

La racine carrée d'un nombre entier ou d'une fraction à moins de $\frac{m}{n}$ est le plus grand nombre de fois que $\frac{m}{n}$ est contenu dans la racine carrée de ce nombre entier ou de cette fraction.

Appelons A un nombre entier ou une fraction quelconques, x le plus grand nombre de fois que $\frac{m}{n}$ est contenu dans $\sqrt{A}$.

On aura

$$x \times \frac{m}{n} < \sqrt{A} < (x+1) \times \frac{m}{n},$$

d'où

$$x^2 \times \frac{m^2}{n^2} < A < (x+1)^2 \times \frac{m^2}{n^2},$$

$$x^2 < A \times \frac{n^2}{m^2} < (x+1)^2,$$

$$x < \sqrt{A \times \frac{n^2}{m^2}} < x+1.$$

On voit ainsi qu'on obtiendra x en prenant la racine carrée à moins d'une unité de $A \times \frac{n^2}{m^2}$. Cette racine obtenue, on la multipliera par $\frac{m}{n}$, et on aura ainsi la racine carrée de A à moins de $\frac{m}{n}$.

242. Règle. — Pour avoir la racine carrée d'un nombre entier ou d'une fraction à moins d'une fraction, on divise par le carré de cette dernière fraction le nombre entier ou la fraction proposés: on extrait la racine carrée du quotient à moins d'une unité, et on multiplie cette racine par la fraction qui marque l'approximation.

Ainsi soit à extraire la racine carrée de $7 + \frac{4}{5}$ à moins de $\frac{3}{17}$. On multiplie $7 + \frac{4}{5}$ par $\frac{17^2}{3^2}$; ce qui donne $\frac{11271}{45} = 250 + \frac{7}{15}$. On extrait la racine carrée de 250 à moins d'une unité ; ce qui donne 15. On multiplie 15 par $\frac{3}{17}$; on trouve $\frac{45}{17} = 2 + \frac{11}{17}$ pour la racine carrée demandée à moins de $\frac{3}{17}$.

243. Lorsque le numérateur de la fraction qui exprime l'approximation, est égal à l'unité ; la règle se réduit alors à multiplier par le carré du dénominateur de cette fraction le nombre entier ou la fraction proposés ; à extraire la racine carrée du produit à moins d'une unité, et à diviser cette racine par le dénominateur de la fraction, qui marque l'approximation.

Ainsi soit à extraire la racine carrée de $18 + \frac{2}{3}$ à moins de $\frac{1}{7}$.

On multiplie $18+\frac{2}{3}$ par 7^2 ; ce qui donne $914+\frac{2}{3}$. On extrait la racine carrée de 914 à moins d'une unité ; ce qui donne 30, et on divise 30 par 7. On a ainsi $4+\frac{2}{7}$ pour la racine carrée demandée à moins de $\frac{1}{7}$.

RACINE CUBIQUE DES FRACTIONS.

Nous distinguerons deux cas : 1° celui d'une fraction, 2° celui d'un nombre fractionnaire.

244. Premier cas. — Lorsque les deux termes de la fraction sont cubes parfaits ; on extrait la racine cubique de la fraction, en extrayant la racine cubique de ses deux termes.

Ainsi

$$\sqrt[3]{\frac{27}{125}}=\frac{\sqrt[3]{27}}{\sqrt[3]{125}}=\frac{3}{5};$$

car

$$\left(\frac{3}{5}\right)^3=\frac{27}{125}\ (230).$$

Nous établirions d'après un raisonnement analogue à celui que nous avons employé dans l'extraction de la racine carrée des fractions, les propositions suivantes :

245. Quand une fraction irréductible est cube parfait, ses deux termes sont cubes parfaits.

246. Pour qu'une fraction irréductible soit cube parfait, il faut et il suffit que ses deux termes soient cubes parfaits.

247. La racine cubique d'une fraction irréductible dont les deux termes ne sont pas cubes parfaits, est incommensurable.

248. La racine cubique d'un nombre entier non cube parfait est incommensurable.

En général la racine $n^{\text{ième}}$ d'un nombre entier ou fractionnaire, qui n'est pas puissance $n^{\text{ième}}$ parfaite est incommensurable.

249. La racine cubique à moins d'une unité d'un nombre

fractionnaire est la racine cubique à moins d'une unité de sa partie entière.

250. Lorsqu'un nombre entier ou une fraction ne sont pas cubes parfaits ; il existe toujours une fraction variable, qui a pour limite la racine cubique de ce nombre entier ou de cette fraction.

D'où il résulte que l'on définit la racine cubique d'un nombre entier ou d'une fraction qui ne sont pas cubes parfaits : la limite d'une fraction variable, qui peut approcher indéfiniment de la racine cubique incommensurable de ce nombre entier ou de cette fraction.

251. Lorsque les deux termes de la fraction supposée irréductible ne sont pas cubes parfaits, on ne peut pas obtenir exactement sa racine cubique (246). Si le dénominateur de la fraction est alors cube parfait ; on extrait la racine cubique du numérateur à moins d'une unité, et on divise cette racine par celle du dénominateur.

Ainsi soit à extraire la racine cubique de $\frac{253}{343}$.

En opérant comme nous venons de l'indiquer, on a $\frac{6}{7}$, qui d'après un raisonnement analogue à celui qu'on a employé au n° (237), est la racine cubique demandée à moins de $\frac{1}{7}$.

Lorsque le dénominateur de la fraction supposée irréductible n'est pas cube parfait, on peut toujours le rendre cube parfait, en multipliant les deux termes par le carré du dénominateur.

Ainsi soit à extraire la racine cubique de $\frac{3}{5}$.

On a

$$\sqrt[3]{\frac{3}{5}} = \sqrt[3]{\frac{3 \times 5^2}{5^3}} = \sqrt[3]{\frac{75}{5_3}}.$$

En prenant la racine cubique de $\frac{75}{5^3}$, comme nous l'avons indiqué, on a $\frac{4}{5}$ pour la racine cubique à moins de $\frac{1}{5}$ de la fraction proposée.

Lorsque le dénominateur de la fraction supposée irréductible n'est pas premier, sans être cube parfait, on peut ordinairement le rendre cube parfait plus simplement que par la méthode précédente. Pour cela on le décompose en facteurs premiers, et on multiplie les deux termes de la fraction par le produit des facteurs premiers seulement nécessaires, pour rendre multiples de 3 les exposants des facteurs premiers du dénominateur de la fraction. Ainsi soit à extraire la racine cubique de $\frac{13}{144}$.

144 étant égal à $2^4 \times 3^2$, il suffit, pour que 144 devienne cube parfait, de le multiplier par $2^2 \times 3$ (177). On a alors

$$\sqrt[3]{\frac{13}{144}} = \sqrt[3]{\frac{13 \times 2^2 \times 3}{(2^4 \times 3^2)(2^2 \times 3)}} = \sqrt[3]{\frac{156}{2^6 \times 3^3}}$$

et en extrayant la racine cubique de $\frac{156}{2^6 \times 3^3}$, comme nous l'avons indiqué, on a $\frac{5}{12}$ pour la racine cubique demandée à moins de $\frac{1}{12}$.

252. Deuxième cas — On extrait la racine cubique d'un nombre fractionnaire, en le convertissant en fraction, et appliquant ensuite à cette fraction la règle de l'extraction de la racine cubique des fractions.

Ainsi soit à extraire la racine cubique de $4 + \frac{7}{18}$.

$$\sqrt{4 + \frac{7}{18}} = \sqrt{\frac{79}{18}} = \sqrt[3]{\frac{79 \times 2^2 \times 3}{(2 \times 3)(2^2 \times 3)}} = \sqrt[3]{\frac{948}{2^3 \times 3^3}}.$$

La racine cubique de $\frac{948}{2^3 \times 3^3}$, obtenue comme précédemment donne $\frac{9}{6} = 1 + \frac{1}{3}$, qui est la racine cubique demandée à moins de $\frac{1}{6}$.

Nous établirions, comme dans le cas des racines carrées approchées, la règle suivante :

253. Pour avoir la racine cubique d'un nombre entier ou d'une fraction à moins d'une fraction, on divise par le cube de cette dernière fraction le nombre entier ou la fraction proposée.

On extrait la racine cubique du quotient à moins d'une unité, et on multiplie cette racine par la fraction qui marque l'approximation.

254. Lorsque le numérateur de la fraction qui exprime l'approximation, est égal à l'unité ; la règle se réduit alors a multiplier par le cube du dénominateur de cette fraction le nombre entier ou la fraction proposée ; à extraire la racine cubique du produit à moins d'une unité, et à diviser cette racine par le dénominateur qui marque l'approximation.

Cette dernière règle est seulement usitée.

Ainsi soit à extraire la racine cubique de $4+\frac{3}{7}$ à moins de $\frac{1}{5}$.

On multiplie $4+\frac{3}{7}$ par 5^3 ; ce qui donne $553+\frac{4}{7}$. On extrait la racine cubique de 553 à moins d'une unité ; ce qui donne 8 ; et on divise cette racine par 5. On a ainsi $\frac{8}{5}=1+\frac{3}{5}$ pour la racine cubique démandée à moins de $\frac{1}{5}$.

REMARQUES GÉNÉRALES.

255. Le produit de plusieurs fractions ne change pas, quand on intervertit l'ordre des fractions.

Ainsi

$$\frac{2}{3}\times\frac{4}{5}\times\frac{7}{9}=\frac{7}{9}\times\frac{2}{3}\times\frac{4}{5}.$$

En effet

$$\frac{2}{3}\times\frac{4}{5}\times\frac{7}{9}=\frac{2\times4\times7}{3\times5\times9}\ (217);$$

d'où

$$\frac{2}{3}\times\frac{4}{5}\times\frac{7}{9}=\frac{7\times2\times4}{9\times3\times5}\ (26),$$

$$\frac{2}{3}\times\frac{4}{5}\times\frac{7}{9}=\frac{7}{9}\times\frac{2}{3}\times\frac{4}{5}\ (217).$$

256. Il résulte de là que les conséquences que nous avons déduites de ce théorème, lorsque les facteurs étaient entiers, sont encore applicables, quand ces facteurs sont des fractions ou bien des nombres entiers et des fractions. De sorte que nous admettrons immédiatement pour tous les nombres commensurables les propositions indiquées par les numéros : 26, 27, 28, 29, 30, 49, 64, 65, 66, 67, 68, 69, 76, 77, 86, 87.

A ces propositions nous ajouterons les suivantes également applicables à tous les nombres commensurables.

257. Théorème. — Lorsqu'on multiplie ou divise le dividende d'une division par un certain nombre, le quotient est multiplié ou divisé par ce nombre. (Dans cette proposition et dans celles qui suivront il s'agit du quotient exact que nous avons appris à obtenir dans tous les cas ; car nous avons indiqué comment on le complète quand il est inexact (18).)

En effet, soit a un dividende, b un diviseur, commensurables, q le quotient de leur division. On a

$$a = b \times q. \quad \text{(A)}$$

Multiplions les deux membres de cette égalité par un nombre commensurable c. On aura

$$a \times c = b \times q \times c;$$

d'où, en vertu de la généralisation de la proposition (26),

$$a \times c = b \times c \times q;$$

d'où

$$ac = bc \times q. \quad \text{(B)}$$

ac étant égal au produit de bc par q ; il en résulte, d'après la définition de la division des nombres commensurables (223), que q est le quotient de ac par bc. En comparant les égalités (A) et (B), on voit que le théorème est démontré.

258. Théorème. — Lorsqu'on multiplie ou divise le diviseur d'une division par un certain nombre, le quotient est divisé ou multiplié par ce nombre.

En effet, considérons l'égalité

$$a = b \times q. \quad \text{(A)}$$

Multiplions et divisons le second membre par un nombre commensurable c. On aura encore évidemment

$$a = \frac{b \times q \times c}{c};$$

d'où, en vertu de la généralisation de la proposition (49),

$$a = \frac{b}{c} \times q \times c,$$

$$a = \frac{b}{c} \times qc. \text{ (B)}.$$

Cette égalité indique que qc est le quotient de la division de a par $\frac{b}{c}$. En comparant les égalités (A) et (B), on voit que le théorème est démontré.

229. Les propositions 50, 51, 52, démontrées dans le cas de nombres entiers, sont aussi vraies dans le cas de nombres commensurables quelconques. La démonstration serait analogue ; il n'y aurait qu'à supprimer r; ce qui d'ailleurs la simplifierait.

CHAPITRE III.

PROPRIÉTÉS GÉNÉRALES DES FRACTIONS DÉCIMALES.

260. On appelle fraction décimale une ou plusieurs parties égales de l'unité, divisée en un nombre de parties marqué par une puissance quelconque de 10. Ainsi 7 dixièmes, 9 centièmes, 35 millièmes sont des fractions décimales, les parties d'unité de ces fractions s'appellent unités décimales. Les dixièmes sont aussi appelés unités du premier ordre, les centièmes unités du second ordre, etc., les chiffres, qui les expriment, s'appellent chiffres décimaux ou simplement décimales.

Les unités décimales sont, comme les unités des nombres entiers, de dix en dix fois plus grandes ou plus petites. Ainsi 1 dixième est dix fois plus grand qu'un centième ; car les centièmes peuvent être obtenues, en divisant d'abord l'unité en dix parties égales, et puis chacune de ces parties en dix parties égales ; et les nouvelles parties sont alors évidemment dix fois plus petites que les premières. De même 1 centième est dix fois plus grand que 1 millième, etc...

Il résulte de là que l'on a pu appliquer pour l'écriture des fractions décimales le principe fondamental de la numération écrite des nombres entiers (15), et par suite écrire les fractions décimales sous la forme de nombres entiers.

D'après ce principe le chiffre des dixièmes devra se trouver à la droite de celui des unités, celui des centièmes à la droite de celui des dixièmes, et ainsi de suite. Il est alors indispensable de distinguer le chiffre des unités simples. Pour cela, quand la fraction décimale est plus grande que 1, on met une virgule après le chiffre des unités simples de sa partie entière, et quand elle est plus petite que 1 on remplace le chiffre des unités simples par un zéro.

Ainsi la fraction décimale 835 unités 7 dixièmes 4 centièmes 6 millièmes s'écrit 835,746.

261. Remarque I. — Le chiffre des unités décimales d'un certain ordre occupe, à partir de la virgule vers la droite, le rang marqué par cet ordre ; de même que le chiffre des unités d'un certain ordre de la partie entière occupe, à partir de la virgule vers la gauche, le rang marqué par cet ordre.

262. Remarque II. — On n'énonce pas ordinairement une fraction décimale, comme nous venons de le faire, quoique cette manière soit tout à fait analogue à celle dont on énonce les nombres entiers. On simplifie son énonciation, en exprimant toutes ses unités décimales avec la plus petite d'entre elles.

Ainsi dans l'exemple précédent, en observant que 1 centième vaut 10 millièmes, 1 dixième 10 centièmes et par conséquent 100 millièmes ; au lieu de dire 7 dixièmes 4 centièmes 6 millièmes, on dira plus simplement 746 millièmes.

On exprime même quelquefois la partie entière avec la plus petite unité décimale de la fraction.

Ainsi dans l'exemple déjà cité, en observant que 835 unités valent évidemment 835 mille millièmes ; au lieu de dire 835 unités 746 millièmes, on pourra dire 835746 millièmes.

De ce qui précède résultent les conséquences suivantes :

263. 1° Pour écrire une fraction décimale, on écrit d'abord la partie entière, que l'on fait suivre d'une virgule ; puis on écrit à la suite la partie décimale, comme un nombre entier, en ayant le soin d'interposer, si c'est nécessaire, des zéros entre la virgule et le premier chiffre décimal significatif ; de telle sorte que le dernier chiffre décimal occupe à partir de la virgule le rang marqué par l'ordre des unités, qu'il représente.

Lorsqu'on n'énonce pas de partie entière, on écrit encore la fraction décimale, comme un nombre entier ; puis on place la virgule, de telle sorte encore que le dernier chiffre décimal occupe le rang marqué par l'ordre des unités qu'il représente; s'il n'y a pas alors de partie entière, on la remplace par un zéro.

On simplifie l'application de cette règle en remontant du chiffre des plus faibles unités décimales vers le chiffre des plus hautes unités, et indiquant sur chaque chiffre les unités de son ordre. Ainsi si les plus faibles unités décimales sont des cent millièmes, on dira respectivement sur chaque chiffre à partir de la droite : cent milièmes, dix millièmes, millièmes, etc. On trouve ainsi facilement le nombre de zéros, qu'il faut interposer, si c'est nécessaire, entre la partie entière, quand on en énonce et la partie décimale ; ou bien encore la place que doit occuper la virgule, quand on n'indique pas de partie entière.

Ainsi la fraction 7 unités 2509 cent millièmes s'écrit 7,02509.

5852 millionièmes s'écrit 0,005852 ;

et 736850 dix millièmes s'écrit 73,6850.

264. 2° Pour lire une fraction décimale, on lit d'abord la partie entière, s'il y en a ; puis la partie décimale, comme un nombre entier, en ajoutant le nom des unités décimales représentées par le dernier chiffre à droite.

Plus rarement on lit toute la fraction décimale, comme un nombre entier, quand il y a une partie entière, en ajoutant toujours le nom des unités décimales du dernier chiffre à droite.

Ainsi la fraction 37,0895 s'énonce 37 unités 895 dix millièmes; plus rarement 370895 dix millièmes.

0,005603 s'énonce toujours 5603 millionièmes.

Il résulte de là que l'on convertit une fraction décimale en fraction ordinaire, en prenant pour numérateur la fraction décimale abstraction faite de la virgule, et pour dénominateur l'unité suivie d'autant de zéros, qu'il y a de décimales dans la fraction.

Ainsi

$$37,0895 = \frac{370895}{10000}, \text{ et } 0,005603 = \frac{5603}{1000000}.$$

265. 3° On ne change pas la valeur d'une fraction décimale en écrivant ou supprimant un certain nombre de zéros à sa droite. Ainsi $0,23 = 0,2300$; car le rang des chiffres significatifs par rapport à la virgule n'ayant pas changé, ces chiffres gardent la même valeur relative (262).

266. On multiplie une fraction décimale par l'unité suivie d'un ou plusieurs zéros, en déplaçant la virgule de gauche à droite d'autant de rangs qu'il y a de zéros à la droite de l'unité. Ainsi $5,034 \times 100 = 503,4$; car, d'après le principe fondamental de la numération écrite, chaque chiffre dans la seconde fraction égale des unités 100 fois plus grandes que dans la première.

Si la fraction n'a pas assez de décimales pour pouvoir effectuer le déplacement que nous venons d'indiquer, on remplace les chiffres manquants par des zéros écrits à sa droite. Ainsi 0,76 × 10000 = 7600.

267. On divise une fraction décimale par l'unité suivie d'un ou plusieurs zéros, en déplaçant la virgule de droite à gauche d'autant de rangs qu'il y a de zéros à la droite de l'unité. Ainsi 34,07 : 100 = 0,3407 ; car d'après le principe fondamental de la numération écrite, chaque chiffre dans la seconde fraction exprime des unités 100 fois plus petites que dans la première.

Si la fraction n'a pas assez de décimales pour pouvoir effectuer le déplacement que nous venons d'indiquer, on remplace les chiffres manquants par des zéros écrits à sa gauche. Ainsi 0,79 : 1000 = 0,00079.

268. On divise un nombre entier par l'unité suivie d'un ou plusieurs zéros, en séparant sur la droite de ce nombre autant de décimales qu'il y a de zéros à la droite de l'unité, et si le nombre n'a pas assez de chiffres pour pouvoir effectuer ce déplacement, on remplacera les chiffres manquants par des zéros écrits à sa gauche. Ainsi 34569 : 1000 = 34,567, et 27 : 1000 0,027.

Les fractions décimales se désignent aussi sous le nom de nombres décimaux. Nous continuerons à nous servir de la première dénomination pour ne pas avoir à y revenir dans l'étude des fractions décimales périodiques, qui portent exclusivement cette dernière dénomination.

CHAPITRE IV

OPÉRATIONS FONDAMENTALES

ADDITION.

269. Pour faire l'addition des fractions décimales; on écrit ces fractions les unes au dessous des autres, de manière que les unités décimales de même ordre se correspondent dans une même colonne verticale. On souligne ces fractions; puis, à partir de la droite, on additionne ces fractions comme des nombres entiers, et dans la somme obtenue on place une virgule sous les virgules des fractions.

Soit à additionner 27,6589, 8,49, 0,677. On dispose ainsi l'opération.

$$\begin{array}{r} 27{,}6589 \\ 8{,}49 \\ 0{,}067 \\ \hline 36{,}2159 \end{array}$$

On peut raisonner comme dans l'addition des nombres entiers; la somme des dix-millièmes est 9, que l'on écrit sous la colonne des dix-millièmes. La somme des millièmes est 15, qui vaut 5 millièmes plus 1 centième; on écrit 5 sous la colonne des millièmes et on reporte 1 à la colonne des centièmes, etc. 36,2159 est la somme demandée, puisque cette fraction contient toutes les unités des différents ordres des fractions proposées.

SOUSTRACTION.

270. Pour faire la soustraction des fractions décimales, on écrit la plus petite sous la plus grande, de manière que les unités de même ordre se correspondent dans une même colonne verticale. Si les fractions n'ont pas le même nombre de décimales, on le rend le même en écrivant à la droite de celle qui en contient le moins un nombre suffisant de zéros. On souligne ces fractions, puis à partir de la droite on soustrait chaque chiffre inférieur de son correspondant supérieur, comme dans la soustraction des nombres entiers, et dans le reste obtenu on place une virgule sous les virgules des fractions.

Soit à soustraire 9,7285 de 20,805. On dispose ainsi l'opération :

$$\begin{array}{r} 20,8050 \\ 9,7285 \\ \hline 11,0765 \end{array}$$

On peut raisonner comme dans la soustraction des nombres entiers. La soustraction des dix millièmes n'est pas possible ; on la rend possible en augmentant de dix millièmes le chiffre supérieur. On obtient ainsi 5. Le nombre supérieur ayant été ainsi augmenté de 10 millièmes, il faut aussi augmenter de 10 dix millièmes le nombre inférieur (14); ce que l'on fait en augmentant de 1 millième le chiffre 8 de ses millièmes, etc. 11,0765 est la différence demandée, puisque cette fraction contient la différence des unités des différents ordres des fractions proposées, ou de ces fractions augmentées d'un même nombre.

MULTIPLICATION

271. On multiplie deux fractions décimales sans avoir égard à la virgule, comme deux nombres entiers. On sépare ensuite sur la droite du produit antant de décimales, qu'il y en a dans les deux facteurs.

Soit à multiplier 4,576 par 2,38.

$$\begin{array}{r} 4,576 \\ 2,38 \\ \hline 36608 \\ 13728 \\ 9152 \\ \hline 10,89088 \end{array}$$

le produit est 10,89088.

En effet en supprimant la virgule dans le multiplicande, on le multiplie par 1000 (266); par suite le produit devient 1000 fois trop grand (29). En supprenant la virgule dans le multiplicateur, on le multiplie par 100; donc le produit devient 100 fois trop grand. Par conséquent par la suppression de la virgule dans les deux fracteurs, le produit devient 1000 × 100 en 100000 fois trop grand (27); pour le ramener à sa juste valeur, il faut donc le diviser par 100000 c'est-à-dire prendre cinq décimales à sa droite ou autant de décimales qu'il y en a dans les deux facteurs.

Si le produit ne contient pas autant de décimales qu'il y en a dans les deux facteurs, on remplace les chiffres manquants par des zéros écrits à sa droite, ainsi 0,47 × 0,02 = 0,0094.

DIVISION

272. On divise deux fractions décimales sans avoir égard à la virgule, comme deux nombres entiers. On prend ensuite sur la droite du quotient autant de décimales qu'il y en a au dividende moins le nombre des décimales du diviseur.

Soit à diviser 2,39284 par 7,34.

2,39284	7,34
1908	0,326
4404	
0	

Le quotient est 0,326.

En effet, en supprimant la virgule dans le dividende, on le multiplie par 100000 (266); par suite le quotient devient 100000 fais trop grand (257). En supprimant la virgule dans le diviseur, on le multiplie par 100; par suite le quotient devient 100 fois trop petit (258). Mais nous avons vu : que l'on multiplie un nombre par une fraction, c'est-à-dire par le quotient de deux autres, en multipliant ce nombre par le dividende, et divisant le produit par le diviseur (217). Par conséquent par la suppression de la virgule dans le dividende et dans le diviseur le quotient devient $\frac{100000}{100}$ ou 1000 trop grand ; pour le ramener à sa juste valeur, il faut donc le diviser par 1000, c'est-à-dire prendre trois décimales à sa droite ou autant de décimales qu'il y en a au dividende moins le nombre de celles qui sont au diviseur.

273. Quand la division donne un reste, on complète le quotient en lui ajoutant une fraction ayant pour numérateur le reste de la division et pour dénominateur le diviseur suivi d'autant de zéros qu'il y a de décimales au quotient.

Ainsi soit à diviser 5,36842 par 8,54.

$$\begin{array}{r|l} 5,36842 & 8,54 \\ \cline{2-2} 2444 & 0,628 \\ 7362 & \\ 530 & \end{array}$$

Le quotient est $0,628 + \frac{530}{854000}$

En effet le quotient des deux fractions proposées considérées comme des nombres entiers serait $628 + \frac{530}{854}$ (183). Ce quotient d'après le raisonnement précédent étant 1000 fois trop grand, il faut le diviser par 1000 ; ce qui donne $0,628 + \frac{520}{854000}$ (48) que l'on énonce $0,638 + \frac{530}{854}$ de millième.

274. On voit que la fraction qui complète le quotient est plus petite qu'un millième, de sorte que quand on néglige de compléter le quotient, l'erreur commise est plus petite qu'une unité de l'ordre de son dernier chiffre à droite.

275. On peut, en comparant le reste de la division au diviseur, obtenir le quotient à moins d'une demi-unité de l'ordre de son dernier chiffre. Si le reste est plus petit que la moitié du diviseur, la fraction complémentaire est évidemment moindre qu'une demi-unité de l'ordre du dernier chiffre du quotient ; par conséquent le quotient est déjà obtenu par défaut à moins d'une demi-unité de l'ordre de son dernier chiffre. Si le reste est plus grand que la moitié du diviseur, la fraction complémentaire est plus grande qu'une demi-unité de l'ordre du dernier chiffre du quotient. On augmente alors ce chiffre d'une unité, et le quotient se trouve alors obtenu par excès à moins d'une demi-unité de l'ordre de son dernier chiffre.

Ainsi dans l'exemple précédent le reste 530 étant plus grand que la moitié du diviseur 854, en forçant le dernier chiffre du quotient de 1, on a 0,629 pour le quotient par excès à moins d'un demi-millième.

276. On peut obtenir le quotient avec une approximation plus grande, en écrivant un certain nombre de zéros à la droite du dividende (265). Le quotient a alors autant de décimales de plus, que l'on a écrit de zéros à la droite du dividende.

Ainsi dans l'exemple précédent, écrivons deux zéros à la droite du dividende. En divisant alors 5,3684280 par 8,54, on trouve $0,62862 + \frac{52}{854}$ de millionième.

Dans la pratique, au lieu d'écrire immédiatement les zéros à la droite du dividende, on les écrit successivement à la droite de chaque reste, après qu'on a abaissé tous les chiffres du dividende, comme l'indique l'opération suivante.

```
5,36842   | 8,54
 2444     |--------
  7362    | 0,62862
   5300
    1760
      52
```

On voit alors que l'on peut pousser la division aussi loin qu'on veut, à moins qu'on n'arrive à un reste nul ; ce qui peut arriver comme nous le verrons bientôt. On peut donc ainsi obtenir le quotient avec une approximation aussi grande qu'on veut ; quand on ne l'obtient pas d'ailleurs exactement.

277. La règle du n° (272) suppose que le dividende a au moins autant de décimales que le diviseur, et qu'abstraction faite des virgules, le dividende est plus grand que le diviseur. Quand ces conditions ne sont pas remplies, on peut toujours les remplir en écrivant des zéros à la droite du dividende. Pour plus de simplicité, on écrit alors seulement les zéros nécessaires, pour que ces conditions soient remplies. On pousse ensuite la division, comme au n° précédent, aussi loin qu'on veut.

Ainsi soit à diviser 7,54 par 0,8496 et 3,24 par 57,0734. On divisera d'abord 7,5400 par 0,8496 et 3,240000 par 57,0734 ; puis on poussera la division, jusqu'au chiffre de l'ordre des unités de l'approximation qu'on désire.

7,5400	0,8496	3,240000	57,0734
74320	0,887	3863300	0,0567
63620		4388960	
4048		393822	

le quotient 0,887 est obtenu par défaut à moins d'un demi-millième, et le quotient 0,0568 est obtenu par excès à moins d'un demi dix-millième.

PUISSANCES DES FRACTIONS DÉCIMALES.

278. Les puissances des fractions décimales s'obtiennent d'après la règle de la multiplication (271). D'où il résulte que les carrés des fractions décimales ont toujours un nombre pair de chiffres décimaux, et que leurs cubes ont un nombre de décimales égal à un multiple de 3.

279. On extrait la racine carrée d'une fraction décimale, qui a un nombre pair de chiffres décimaux, sans avoir égard à la virgule, comme on extrait la racine carrée d'un nombre entier. On sépare ensuite sur la droite de la racine deux fois moins de chiffres décimaux qu'il y en a dans la fraction proposée.

Soit à extraire la racine carrée de 7,3456.

En écrivant cette fraction sous la forme d'une fraction ordinaire, on a $\frac{73456}{10000}$ (264), dont la racine carrée est $\frac{271}{100}$ à moins de $\frac{1}{100}$, 271 étant la racine carrée à moins d'une unité de 73456 (239). Donc $\frac{271}{100}$ ou 2,71 est la racine carrée demandée à moins de 1 centième.

Lorsque la fraction n'a pas un nombre pair de chiffres décimaux, on le rend pair, en écrivant un zéro à sa droite.

280. On peut obtenir la racine avec une approximation plus grande, en écrivant un nombre pair de zéros à la droite de la fraction décimale proposée. La racine a alors en plus deux fois moins de décimales, que l'on a écrit de zéros à la droite de la fraction proposée.

Ainsi dans l'exemple précédent ajoutons 6 zéros à la droite de la fraction ; on a 7,3456000000, dont la racine carrée est 2,71027 à moins de 1 cent millième.

Dans la pratique au lieu d'écrire immédiatement les zéros à la droite de la fraction, on extrait d'abord la racine carrée de cette fraction, comme nous l'avons indiqué (279) ; on écrit ensuite successivement deux zéros à la droite du reste de cette opération et des restes suivants, comme l'indique l'opération qui suit.

7,3 456	2,71027
3 3,4	4 7
55,6	5 41
1 50,000	5 42
41 5960,0	5 4202
3 6527 1	5 42047

On voit alors que l'on peut pousser l'opération aussi loin qu'on veut, et par conséquent obtenir la racine avec une approximation aussi grande qu'on veut.

Cette méthode d'approximation se trouve d'ailleurs renfermée dans la règle (243); ainsi pour obtenir d'après cette règle la racine carrée de 7,3456 à moins de $\frac{1}{100000}$, il faut multiplier 7,3456 par 100000^2 ; ce qui donne 73456000000; extraire la racine carrée du produit à moins d'une unité, et diviser cette racine par 10000; ce qui reproduit évidemment 2,71027.

RACINES CUBIQUES DES FRACTIONS DÉCIMALES.

281. On extrait la racine cubique d'une fraction décimale, qui a un nombre de décimales égal à un multiple de 3, sans avoir égard à la virgule, comme on extrait la racine cubique d'un nombre entier, on sépare ensuite sur la droite de la racine trois fois moins de décimales, qu'il y en a dans la fraction proposée.

Soit à extraire la racine cubique de 5,368794.

En mettant cette fraction sous forme d'une fraction ordinaire, on a $\frac{5368794}{1000000}$, dont la racine cubique est $\frac{175}{100}$ à moins de $\frac{1}{100}$, 175 étant la racine cubique à moins d'une unité de 5368794

(251). Donc $\frac{175}{100}$ ou 1,75 est la racine cubique demandée à moins de 1 centième.

Lorsque la fraction décimale n'a pas un nombre de décimales multiple de 3, on le rend tel en écrivant un ou deux zéros à sa droite.

On peut obtenir la racine cubique avec une approximation aussi grande qu'on veut, en écrivant successivement trois zéros à la droite du reste de l'opération et des restes suivants.

CHAPITRE V.

CONVERSION DES FRACTIONS ORDINAIRES EN FRACTIONS DÉCIMALES.

282. On convertit une fraction ordinaire en fraction décimale, en divisant son numérateur par son dénominateur d'après la méthode d'approximation, que nous avons donnée (276), pour trouver le quotient de deux fractions décimales. Comme une fraction ordinaire est égale au quotient de la division du numérateur par le dénominateur, si la division se fait exactement, la conversion sera possible, et la fraction décimale ainsi obtenue sera la fraction demandée ; si la division ne se fait pas exactement, la conversion ne sera pas possible ; mais on pourra toujours obtenir une fraction décimale, aussi approchée que l'on voudra de la fraction ordinaire.

Ainsi soit à convertir les fractions $\frac{11}{16}$, $\frac{7}{12}$ en fractions décimales

110	16	70	12
440	0,6875	100	0,5833
120		40	
80		40	
0		4	

La première division se fait exactement, et l'on a 0,6875 pour la fraction demandée. La seconde division ne se fait pas exactement ; en prenant 0,5833 pour la fraction demandée, l'erreur commise sera plus petite qu'un demi dix-millième.

283. Remarque. — Quand la division de deux nombres entiers donne un reste, on peut par la même méthode évaluer en décimales la fraction complémentaire du quotient. On obtient alors, ou un quotient exact, ou un quotient approchée à moins d'une demi unité décimale, aussi petite qu'on veut.

Ainsi soit à diviser 835 par 37.

```
835   | 37
 95   |-------
 210  | 22,567
  250 |
   280
    21
```

22,568 est le quotient par excès à moins d'un demi millième.

284. Nous avons vu que les opérations sur les fractions décimales sont plus simples que sur les fractions ordinaires ; parce que celles ci exigent deux nombres pour leur expression ; tandis que les premières n'en exigent qu'un. Il est donc avantageux, pour la rapidité des calculs, de substituer une fraction décimale à une fraction ordinaire. Cependant si la fraction ordinaire n'est pas exactement réductible en fraction décimale, on remplacera ainsi un nombre exact par un nombre approché, et le résultat du calcul sera erroné. L'erreur ainsi commise peut être considérable. Si l'on tient à obtenir un résultat exact, il importe de savoir si la fraction ordinaire est exactement réductible en fraction décimale ; c'est ce que nous allons apprendre par les deux théorèmes suivants.

285. Théorème. — Quand une fraction ordinaire irréductible peut être exactement convertie en fraction décimale, son dénominateur ne contient d'autres facteurs premiers que 2 et 5.

Soit $\frac{a}{b}$ une fraction ordinaire irréductible pouvant être exactement couvertie en fraction décimale; soit $\frac{c}{10^n}$ cette fraction décimale réduite en fraction ordinaire. On aura

$$\frac{a}{b}=\frac{c}{10^n};$$

d'où, en multipliant par 10^n les deux membres,

$$\frac{a\times 10^n}{b}=c.$$

Le second nombre étant entier, b divise $a\times 10^n$; mais il est premier avec a par hypothèse ; donc il divise 10^n (139), et comme

10^n ne contient d'autres facteurs premier que 2 et 5, il en résulte que b ne contient aussi que ces facteurs (165).

286. Réciproquement quand le dénominateur d'une fraction ordinaire irréductible ne contient d'autres facteurs premiers que 2 et 5, cette fraction peut être exactement convertie en fraction décimale.

Soit une fraction irréductible $\frac{a}{b}$, dont le dénominateur ne contient d'autres facteurs premiers que 2 et 5. Posons

$$b = 2^{m+n} \times 5^m .$$

On aura

$$\frac{a}{b} = \frac{a}{2^{m+n} \times 5^m} .$$

Multiplions les deux termes de la seconde frection par 5^n il vient

$$\frac{a}{b} = \frac{a \times 5^n}{2^{m+n} \times 5^{m+n}} ;$$

d'où

$$\frac{a}{b} = \frac{a \times 5^n}{10^{m+n}} \text{ (67)}.$$

On voit alors que la fraction $\frac{a}{b}$ est égale à une fraction décimale de $m + n$, chiffres décimaux.

287. Corollaire I. — Pour qu'une fraction ordinaire irréductible puisse être exactement convertie en fraction décimale, il faut et il suffit que son dénominateur ne renferme d'autres facteurs premiers que 2 et 5. Cette condition est nécessaire d'après (285), et suffisante d'après (286).

288. Corollaire II. — Quand une fraction ordinaire irréductible peut être exactement convertie en fraction décimale, le nombre des chiffres décimaux de cette dernière est égal au plus grand exposant de 2 ou de 5 dans le dénominateur de la fraction ordinaire.

La conversion des fractions ordinaires $\frac{11}{16}, \frac{7}{12}$ en fractions décimales, que nous avons opérée dans le numéro (282), vérifie les deux corollaires précédents. 16 étant égal à 2^4, la fraction $\frac{11}{16}$

a pu être exactement convertie en une fraction décimale 0,8675 de quatre chiffres décimaux. 12 étant égal à $2^2 \times 3$, la fraction $\frac{7}{12}$ n'a pu être exactement convertie en fraction décimale, et a donné le quotient illimité 0,58333.

289. REMARQUE. — Convertir une fraction ordinaire en fraction décimale revient à substituer l'évaluation d'une quantité en parties d'unité de dix en dix fois plus petites à l'évaluation exacte de cette quantité avec d'autres parties de l'unité. Ainsi, quand on convertit $\frac{7}{12}$, par exemple, en fraction décimale ; on obtient le même résultat que si on cherchait successivement combien de fois $\frac{1}{10}$, $\frac{1}{100}$, $\frac{1}{1000}$, etc. sont contenus dans une quantité évaluée exactement par $\frac{7}{12}$, autrement dit dans $\frac{7}{12}$ (224). Nous venons de voir que cette nouvelle évaluation n'est pas toujours possible d'une manière exacte.

DÉTERMINATION DU SYSTÈME DE NUMÉRATION LE PLUS PROPRE A L'ÉVALUATION EXACTE DES QUANTITÉS.

290. Nous pouvons maintenant nous proposer de déterminer le système de numération le plus propre à l'évaluation exacte des quantités sous la forme de nombres entiers.

Nous observerons d'abord que les théorèmes (285), (286) s'appliquent à des fractions ordinaires exprimées dans un système de numération quelconque, à la condition d'y remplacer les facteurs 2 et 5, qui sont les facteurs premiers de la base 10 du système décimal par les facteurs premiers de la base du nouveau système. D'où il résulte que pour qu'une fraction ordinaire exprimée dans un système de numération quelconque puisse s'écrire sous la forme d'un nombre entier à la manière d'une fraction décimale, il faut et il suffit que le dénominateur ne contienne d'autres facteurs premiers que ceux de la base de ce système. On voit alors que plus les facteurs premiers de la base seront petits et nombreux, plus il y aura de nombres composés seulement des facteurs premiers de la base, et plus par conséquent il y aura de fractions ordinaires susceptibles de s'écrire sous la forme de nombres entiers. On peut conclure de là que, pour qu'un système de numération se prête avantageusement à l'évaluation exacte des quantités sous la forme de nombres entiers, il faut et il suffit que la base de ce système se compose autant que possible de facteurs premiers petits et nombreux. Toutefois cette base ne devra pas trop s'écarter de 10, afin de ne pas accroître au delà de la mesure actuelle les mots qui servent à nommer les nombres usuels.

Comparons les facteurs premiers de 12 et de 10. On voit que ces nombres contiennent chacun le facteur 2 ; qu'ils contiennent, en outre, le premier le facteur 3, le second le facteur 5; comme 3 est plus petit que 5, le système duodécimal est donc plus propre que le système décimal à l'évaluation exacte des quantités sous la forme de nombres entiers. C'est ce qu'il est facile de vérifier.

Ainsi, considérons les fractions $\frac{a}{2}, \frac{b}{3}, \frac{c}{4}, \frac{d}{5}, \frac{e}{6}, \frac{f}{7}, \frac{g}{8}, \frac{h}{9}$; a, b, c, d... étant des nombres quelconques respectivement premiers avec 2, 3, 4, 5.... On voit que 6 de ces fractions sont exactement réductibles en fractions duodécimales, tandis que 4 seulement sont réductibles en fractions décimales.

D'ailleurs, 12 s'écartant peu de 10, il faudrait à peu près autant de mots pour exprimer les nombres dans l'un des deux systèmes que dans l'autre. Le système duodécimal serait donc plus avantageux que le système décimal.

Si nous prenions pour base le produit des trois facteurs premiers les plus simples $2 \times 3 \times 5$ ou 30 ; nous aurions un système de numération plus convenable que les précédents à l'évaluation exacte des quantités sous forme entière ; mais ce système multiplierait évidemment dans une trop forte proportion les noms des nombres usuels.

Les nombres inférieurs à 12 donneraient aussi évidemment des systèmes de numération moins avantageux que le système duodécimal ; de sorte que le système duodécimal serait le plus avantageux de tous les systèmes.

FRACTIONS DÉCIMALES PÉRIODIQUES.

291. On appelle fraction décimale périodique, une fraction décimale dans laquelle certains chiffres décimaux se reproduisent indéfiniment dans le même ordre, à partir d'un certain rang.

L'ensemble des chiffres qui se reproduisent ainsi, s'appelle la période de la fraction décimale.

Une fraction décimale est périodique simple, quand la première période commence immédiatement après la virgule, comme 0,272727....., dont la période est 27. Elle est périodique mixte quand la première période ne commence qu'après un certain nombre de chiffres décimaux placés après la virgule, comme 0,385272727...... L'ensemble des chiffres décimaux qui précèdent la première période, s'appelle la partie non périodique. Dans la fraction précédente 385 est la partie non périodique.

292. Théorème. — Quand une fraction ordinaire n'est pas exactement réductible en fraction décimale, elle donne lieu à une fraction décimale périodique.

Soit la fraction $\frac{3}{7}$ non exactement réductible en fraction décimale (287). Dans la réduction de $\frac{3}{7}$ en fraction décimale (282), chaque reste devra être plus petit que 7 ; mais il y n'y a que 6 nombres différents les uns des autres et plus petits que 7 ; de sorte qu'après un nombre de divisions au plus égal à 6, l'un des restes devra se reproduire ; ce reste amènera évidemment celui qui l'avait déjà suivi, et ainsi de suite. Les mêmes restes se reproduiront dans le même ordre, il en sera de même par conséquent des chiffres du quotient ; et la fraction décimale qu'on obtiendra sera ainsi périodique.

Effectuons l'opération :

```
30  |7
 20 |0,42857142.....
  60
   40
    50
     10
      30
       20
```

Nous trouvons la fraction périodique simple 0,42857142857142..., ayant 6 chiffres à la période, c'est-à-dire autant de chiffres qu'il peut y en avoir.

La fraction $\frac{161}{495}$, qui n'est pas exactement réductible en fraction décimale, puisque son dénominateur contient le facteur 3, donne lieu à la fraction périodique mixte 0,3252525....

293. Remarque. Les fractions périodiques 0,42857142857142.... et 0,3252525...., que nous venons d'obtenir, peuvent être considérées comme des quantités variables ayant respectivement pour limites les fractions ordinaires $\frac{3}{7}$ $\frac{161}{495}$, qui les ont engendrées ; car ces fractions ordinaires peuvent différer, d'aussi peu qu'on veut, des fractions périodiques correspondantes, quand on augmente suffisamment le nombre de leurs chiffres décimaux.

Réciproquement on trouve, comme nous allons le voir, que les limites des fractions périodiques sont généralement des fractions ordinaires. Ces dernières réduites en fractions décimales doivent reproduire les fractions périodiques dont elles sont les limites ; car il ne peut évidemment y avoir deux fractions périodiques différentes ayant même limite ; d'où il résulte que l'opération qui consiste à trouver la limite d'une fraction périodique, s'indique généralement ainsi : Trouver la fraction ordinaire génératrice d'une fraction périodique. C'est l'opération que nous allons résoudre.

294. Trouver la fraction ordinaire génératrice d'une fraction périodique simple.

Soit 0,27272727... la fraction périodique proposée.

Supposons cette fraction périodique limitée à la troisième période, et appelons x la valeur de cette fraction ainsi limitée. On aura

$$x = 0,272727.$$

multiplions cette égalité par l'unité suivie d'autant de zéros qu'il y a de chiffres dans la période, c'est-à-dire par 100 ; il vient

$$100\,x = 27,2727.$$

En retranchant de cette égalité la précédente, et simplifiant seulement la soustraction d'après (14) dans le second membre de la nouvelle égalité ; on aura

$$99\,x = 27 - 0,000027\ ;$$

d'où en divisant par 99

$$x = \frac{27}{99} - \frac{0,000027}{99} \quad (48).$$

Ainsi la fraction périodique limitée à la troisième période est égale à la fraction ordinaire $\frac{27}{99}$ moins la 99ième partie de la dernière période.

Si nous eussions limité la fraction périodique à la quatrième période, nous aurions trouvé de même que la fraction ainsi limitée est égale à $\frac{27}{99}$ moins la 99ième partie de la dernière période. Mais quand on prend un nombre de périodes de plus en plus grand, la dernière période devient de plus en plus petite, à plus forte raison la 99ième partie de cette période; par conséquent quand on prend un nombre de périodes infiniment grand, la 99ième partie de la dernière période est infiniment petite. $\frac{27}{99}$ est donc la limite de cette fraction périodique, quand le nombre des périodes tend à devenir infini. D'où résulte la règle suivante.

295. La fraction ordinaire génératrice d'une fraction périodique simple a pour numérateur la période, et pour dénominateur un nombre formé d'autant de 9, qu'il y a de chiffres dans la période.

296. Remarque I. — Si la fraction périodique simple avait une partie entière comme 5,272727...; nous trouverions, d'après un raisonnement semblable au précédent, que cette fraction a pour limite $\frac{527 - 5}{99}$. On peut donc dire alors que la fraction génératrice a pour numérateur la différence entre la partie entière et le nombre obtenu en portant la virgule à droite de la première période, et pour dénominateur autant de 9, qu'il y a de chiffres à la période.

297. Remarque II. — La fraction périodique simple 0,999..., ayant 9 pour période, n'a pas une fraction ordinaire pour limite. Cette limite d'après la règle (295) est $\frac{9}{9}$ ou 1.

298. Remarque III. — Le dénominateur de la fraction irréductible génératrice d'une fraction périodique simple ne contient aucun des facteurs 2 ou 5 ; car en considérant la fraction, que l'on obtient d'après la règle (295), on voit que son dénominateur, ne contenant que des 9, est premier avec 2 et 5. Ce dénominateur reste donc encore premier avec 2 et 5 après la simplification de la fraction, quand elle en est susceptible ; comme dans $\frac{27}{99}$, qui par simplification devient $\frac{3}{11}$.

299. Trouver la fraction ordinaire génératrice d'une fraction périodique mixte. Soit 0,396484848... la fraction périodique mixte proposée.

Supposons cette fraction limitée à la troisième période, et appelons x la valeur de cette fraction ainsi limitée. On aura

$$x = 0{,}396484848.$$

Multiplions cette égalité pour l'unité suivie d'autant de zéros qu'il y a de chiffres à la partie non périodique, c'est-à-dire par 1000 ; il vient

$$1000x = 396{,}484848.$$

Multiplions encore cette dernière égalité par l'unité, suivie d'autant de zéros qu'il y a de chiffres à la période, c'est-à-dire par 100 ; il viendra

$$100000x = 39648{,}4848.$$

En retranchant de cette égalité la précédente, et simplifiant seulement la soustraction dans le second membre de la nouvelle égalité ; on aura

$$99000x = 39648 - 396 - 0{,}000048 ;$$

d'où en divisant par 99000

$$x = \frac{39648 - 396}{99000} - \frac{0{,}000048}{99000} ;$$

ou bien

$$x = \frac{39648 - 396}{99000} - \frac{0{,}000000048}{99} \quad (189).$$

Ainsi la fraction périodique limitée à la troisième période est égale à la fraction ordinaire $\frac{39648 - 396}{99000}$ moins la 99ième partie de la dernière période.

Si nous eussions limité la fraction périodique à la quatrième période, nous aurions trouvé de même que la fraction ainsi limitée est égale à $\frac{39648 - 396}{99000}$ moins la 99ième partie de la dernière période.

Mais quand on prend un nombre de périodes de plus en plus grand, la dernière période devient de plus en plus petite, à plus forte raison la 99ième partie de cette période ; par conséquent quand on prend un nombre de périodes infiniment grand, la 99ième partie de la dernière période est infiniment petite. $\frac{39648 - 396}{99000}$ est donc la limite de cette fraction périodique, quand le nombre des périodes tend à devenir infini. D'où résulte la règle suivante.

300. La fraction génératrice d'une fraction périodique mixte a pour numérateur la différence des nombres obtenus, en portant la virgule à droite et à gauche de la première période ; et pour dénominateur un nombre formé d'autant de 9 qu'il y a de chiffres dans la période, suivi d'autant de zéros qu'il y a de chiffres à la partie non périodique.

301. Remarque I. — La règle précédente est encore applicable aux fractions périodiques mixtes, ayant une partie entière, comme 5,396484848. Ainsi, nous trouverions, en raisonnant comme précédemment, que cette fraction a pour limite $\frac{539648 - 5396}{99000}$.

302. Remarque II. — Une fraction périodique mixte ayant 9 pour période, comme 0,47999, n'a pas une fraction ordinaire pour limite. Cette limite obtenue d'après la règle (300) est $\frac{479 - 47}{900} = 0{,}48$. On voit qu'elle est égale à la partie non périodique, dont le dernier chiffre a augmenté d'une unité. Cette règle est sans exception ; parce que la partie périodique d'après (297) vaut une unité de l'ordre du chiffre précédent.

En général une fraction périodique simple ou mixte, ayant 9 pour période, a pour limite le nombre entier ou décimal obtenu, en supprimant la partie périodique et augmentant d'une unité le chiffre qui la précède immédiatement.

303. Remarque III. — Le dénominateur de la fraction irréductible génératrice d'une fraction périodique mixte, contient les facteurs 2 ou 5 combinés avec d'autres facteurs; car en considérant la fraction que l'on obtient d'après la règle (300), on voit que la partie non périodique ayant au moins un chiffre, le dénominateur est terminé au moins par un zéro, et est par conséquent divisible par 2 et par 5. Le numérateur n'est pas divisible par 10 ; car pour qu'il fût terminé par un zéro, il faudrait d'après sa formation que le dernier chiffre de la période fût le même que le dernier chiffre de la partie non périodique, ce qui ne peut être ; car alors la période commencerait un rang plus tôt. Ce numérateur reste donc encore premier avec 10 après la simplification de la fraction, si elle en est susceptible. Le dénominateur garde alors au moins l'un des facteurs 2 ou 5 ; car par l'effet de la simplification il peut bien perdre isolément le facteur 2 ou le facteur 5 ; mais il ne peut les perdre simultanément ; car alors on diviserait par 10 les deux termes de la fraction, ce qui est impossible, vu que le numérateur n'est pas divisible par 10. Le dénominateur garde alors aussi évidemment un facteur différent de 2 ou de 5 ; puisque la fraction décimale est périodique (292). C'est ce que l'on peut vérifier dans la simplification de $\frac{39648 - 396}{99000}$, qui devient $\frac{3271}{8250}$.

304. Théorème. — Lorsque le dénominateur d'une fraction ordinaire irréductible ne contient aucun des facteurs 2 ou 5 ; cette fraction donne lieu à une fraction décimale périodique simple.

En effet, elle doit d'abord donner lieu à une fraction périodique (292). Elle ne peut pas se convertir en une fraction périodique mixte ; puisqu'alors son dénominateur contiendrait les facteurs 2 ou 5 (303) ; ce qui est contre l'hypothèse. Donc elle se convertira en une fraction périodique simple.

305. Corollaire. — Pour qu'une fraction ordinaire irréductible puisse se convertir en une fraction décimale périodique simple, il faut et il suffit que son dénominateur ne renferme aucun des facteurs 2 ou 5. Cette condition est nécessaire d'après (298), et elle est suffisante d'après (304).

306. Théorème. — Lorsque le dénominateur d'une fraction ordinaire irréductible contient les fractions 2 ou 5 combinés avec d'autres facteurs, cette fraction donne lieu à une fraction décimale périodique mixte.

En effet, elle doit d'abord donner lieu à une fraction périodique ; elle ne peut pas se convertir en une fraction périodique simple ; puisque alors son dénominateur ne contiendrait aucun des facteurs 2 ou 5 (298) ; ce qui est contre l'hypothèse. Donc elle se convertira en une fraction périodique mixte.

307. Corollaire. — Pour qu'une fraction ordinaire irréductible puisse se convertir en une fraction décimale périodique mixte, il faut et il suffit que son dénominateur renferme les facteurs 2 ou 5 combinés avec d'autres facteurs. Cette condition est nécessaire d'après (303), et elle est suffisante d'après(306).

308. Théorème. — Lorsqu'une fraction ordinaire donne lieu à une fraction décimale périodique mixte, le nombre des chiffres de la partie non périodique est égal au plus grand exposant de 2 ou de 5 dans le dénominateur de cette fraction.

Soit une fraction irréductible $\frac{a}{b}$ devant donner lieu à une fraction périodique mixte. Posons

$$b = 2^{m+n} \times 5^m \times N,$$

N représentant le produit des facteurs premiers différents de 2 et 5, on aura

$$\frac{a}{b} = \frac{a}{2^{m+n} \times 5^m \times N}.$$

En multipliant les deux termes de la seconde fraction par 5^n, il vient

$$\frac{a}{b} = \frac{a \times 5^n}{2^{m+n} \times 5^{m+n} \times N} \quad (188),$$

ou

$$\frac{a}{b} = \frac{a \times 5^n}{10^{m+n} \times N} \quad (67).$$

En multipliant par 10^{m+n}, on a

$$\frac{a \times 10^{m+n}}{b} = \frac{a \times 5^n}{N}.$$

La fraction $\frac{a \times 5^n}{N}$ est irréductible ; car N est par hypothèse premier avec a et 5^n (146). Elle donnera donc lieu à une fraction périodique simple avec ou sans partie entière, selon que $\frac{a \times 5^n}{N}$

sera plus grand ou plus petit que 1. Cette fraction sera 10^{m+n} fois plus grande que la fraction $\frac{a}{b}$. Pour la rendre égale à $\frac{a}{b}$, il faudra la diviser par 10^{m+n}, c'est-à dire reculer la virgule de $m+n$ rangs vers la gauche ; ce qui fournira $m+n$ décimales pour la partie non périodique. La fraction $\frac{a}{b}$ est donc égale à une fraction périodique mixte ayant $m+n$ chiffres décimaux à la partie non périodique.

Ainsi la fraction irréductible $\frac{3271}{8250}$, dont le dénominateur est égal à $2\times3\times5^3\times11$, donne lieu à la fraction périodique mixte 0,396484848..., ayant trois décimales à la partie non périodique.

LIVRE III

NOMBRES INCOMMENSURABLES.

CHAPITRE PREMIER

THÉORÈMES SUR LES LIMITES.

309. Théorème. — Lorsque deux quantités variables sont constamment égales, et tendent chacune vers une limite, ces deux limites sont égales.

En effet, deux quantités variables toujours égales sont évidemment représentées par un même nombre variable ; or ce dernier ne peut tendre évidemment que vers une seule limite, qui devra représenter chacune des deux limites des deux quantités variables ; par conséquent ces deux limites sont égales.

Dans les théorèmes suivants de ce chapitre nous appliquerons aux quantités variables le même raisonnement qu'aux nombres qui les représentent. Ce qui est possible, parce que, comme nous l'avons fait observer dans l'introduction, les nombres concrets peuvent être assimilés aux quantités qu'ils représentent. C'est d'ailleurs dans ce sens que l'on applique ces théorèmes en géométrie et en algèbre, où ils sont d'un fréquent usage.

310. Théorème. — La limite de la somme de plusieurs quantités variables est égale à la somme de leurs limites.

En effet, soit x, y, z plusieurs quantités variables, a, b, c leurs limites respectives α, β, γ (prononcez alpha, béta, gamma) les différences respectives entre les variables et leurs limites. En supposant que les variables restent au dessous de leurs limites, on pourra écrire

$$x = a - \alpha,$$
$$y = b - \beta,$$
$$z = c - \gamma,$$

d'où en additionnant

$$x + y + z = a + b + c - \alpha + \beta - \gamma$$
$$x + y + z = (a + b + c) - (\alpha + \beta + \gamma) \ (19).$$

A mesure que les variables x y z approchent de leurs limites a, b, c, les différences α β γ deviennent de plus en plus petites. Donc la somme $\alpha + \beta + \gamma$ tend à s'annuler ; puisque chacun de ses termes tend vers o. Par conséquent la limite du second membre et par suite du premier, qui lui est toujours égal, est $a + b + c$.

Remarque. — Si au lieu de supposer les variables au dessous de leurs limites nous les eussions supposées au dessus ; on aurait eu alors $x = a + \alpha$, $y = b + \beta$, et en raisonnant comme précédemment nous serions arrivés au même résultat. Il en serait de même à plus forte raison si certaines variables restaient au dessous de leurs limites et d'autres au dessus, et par suite si certaines d'entre elles restaient tantôt au dessus tantôt au dessous.

311. Théorème. — La limite de la différence de deux quantités variables est égale à la différence de leurs limites.

En effet des égalités

$$x = a - \alpha,$$
$$y = b - \beta$$

on tire, en retranchant la seconde de la première,

$$x - y = a - \alpha - b + \beta \ (19),$$

ou

$$x - y = a - b - (\alpha - \beta).$$

α et β tendant vers o, il en est de même de $\alpha - \beta$; par conséquent $a - b$ est la limite de $x - y$.

Même remarque qu'au n° 310.

312. Théorème. — La limite du produit de deux facteurs variables est égale au produit de leurs limites.

En effet, en multipliant membre à membre les égalités

$$x = a - \alpha,$$
$$y = b - \beta,$$

on a

$$xy = a \times b - \alpha \times b - a \times \beta + \alpha \times \beta \text{ (35)}.$$

α et β tendant vers o, il en est de même des produits $\alpha \times b$, $a \times \beta$, $\alpha \times \beta$, où ils entrent comme facteurs. Par conséquent $a \times b$ est la limite de $x \times y$.

Même remarque qu'au n° 310. On ferait alors application du n° (32).

313. Théorème. — La limite du produit de plusieurs facteurs variables est égal au produit de leurs limites.

Soit x, y, z plusieurs facteurs variables. On peut toujours écrire en supposant le produit des deux premiers facteurs effectué.

$$x \times y \times z = xy \times z.$$

Prenons les limites des deux membres de cette égalité, on aura

$$\text{lim. } (x \times y \times z) = \text{lim. } (xy \times z) \text{ (309)};$$

(prononcez lim. $(x \times y \times z)$ limite de $x \times y \times z$)

d'où $\text{lim. } (x \times y \times z) = \text{lim. } xy \times \text{lim. } z$ (312). (A)

mais $\text{lim. } xy = \text{lim. } x \times \text{lim. } y$ (312).

en remplaçant lim. xy par cette valeur dans l'égalité (A) il vient

$$\text{lim. } (x \times y \times z) = \text{lim. } x \times \text{lim. } y \times \text{lim. } z.$$

314. Théorème. — La limite du quotient de deux quantités variables est égale au quotient de leurs limites.

En effet en divisant membre à membre les égalités

$$x = a - \alpha,$$
$$y = b - \beta,$$

on a

$$\frac{x}{y} = \frac{a - \alpha}{b - \beta};$$

d'où

$$\frac{x}{y} = \frac{b(a - \alpha)}{b(b - \beta)} \text{ (188)}.$$

Augmentons et diminuons le numérateur de la seconde fraction de $a \times \beta$, l'égalité ne sera pas évidemment altérée, et l'on aura

$$\frac{x}{y} = \frac{b\,(a - \alpha) + a \times \beta - a \times \beta}{b\,(b - \beta)};$$

d'où

$$\frac{x}{y} = \frac{b \times a - b \times \alpha + a \times \beta - a \times \beta}{b\,(b - \beta)} \ (34),$$

$$\frac{x}{y} = \frac{a\,(b - \beta) + a \times \beta - b \times \alpha}{b\,(b - \beta)}. \ (34)$$

$$\frac{x}{y} = \frac{a\,(b - \beta)}{b\,(b - \beta)} + \frac{a \times \beta - b \times \alpha}{b\,(b - \beta)} \ (201),$$

$$\frac{x}{y} = \frac{a}{b} + \frac{a \times \beta - b \times \alpha}{b\,(b - \beta)}.$$

α et β tendant vers o, on voit que le numérateur de la seconde fraction du second membre tend vers o ; tandis que le dénominateur tend vers b^2. Cette fraction tend donc à s'annuler car il n'y a que o qui multiplié par un nombre différent de 0 reproduise 0 (43) (179). par conséquent $\frac{a}{b}$ est la limite de $\frac{x}{y}$.

Dans ce théorème nous supposons b différent de o. Dans le cas contraire il cesserait d'être applicable.

315. Théorème. — La limite d'une puissance d'une quantité variable est égale à la limite de cette variable élevée à cette puissance.

Ainsi

$$\text{lim.}\ x^4 = (\text{lim.}\ x)^4.$$

En effet on peut toujours écrire

$$x^4 = x \times x \times x \times x \ ;$$

d'où

$$\text{lim.}\ x^4 = \text{lim.}\ (x \times x \times x \times x)\ (309),$$

$$\text{lim.}\ x^4 = \text{lim.}\ x \times \text{lim.}\ x \times \text{lim.}\ x \times \text{lim.}\ x\ (312),$$

$$\text{lim.}\ x^4 = (\text{lim.}\ x)^4.$$

316. Théorème. — La limite d'une racine d'une quantité variable est égale à la racine de même indice de la limite de cette variable.

Ainsi

$$\text{lim.}\ \sqrt[4]{x} = \sqrt[4]{\text{lim.}\ x}.$$

En effet on a évidemment

$$x = (\sqrt[4]{x})^4;$$

d'où

$$\lim. x = \lim. (\sqrt[4]{x})^4,$$

$$\lim. x = (\lim. \sqrt[4]{x})^4 \ (315)\ ;$$

D'où, en prenant la racine quatrième des deux nombres,

$$\sqrt[4]{\lim. x} = \lim. \sqrt[4]{x}.$$

CHAPITRE II

OPÉRATIONS FONDAMENTALES.

On appelle quantité incommensurable toute quantité qui n'a pas de commune mesure avec l'unité.

317. Théorème. — On peut toujours représenter une quantité incommensurable par une fraction variable avec une approximation aussi grande qu'on veut.

En effet désignons par A une quantité quelconque incommensurable. Partageons l'unité en un certain nombre n de parties égales, et soit a le nombre de fois que l'une d'elles est contenu dans A. La fraction $\frac{a}{n}$ représentera alors la quantité A avec une erreur plus petite que $\frac{1}{n}$. Supposons maintenant que n augmente, a augmentera aussi ; car les parties d'unité devenant plus petites, l'une d'elles sera contenue un plus grand nombre de fois dans A. En même temps $\frac{1}{n}$ diminuera. Quand n sera infiniment grand, l'erreur commise $\frac{1}{n}$ sera évidemment infiniment petite. Comme on peut prendre n aussi grand qu'on veut, on voit que la fraction variable $\frac{a}{n}$ peut représenter la quantité A avec une approximation aussi grande qu'on veut. Si nous avions désigné par a' le plus grand nombre de fois plus 1, que la $n^{\text{ième}}$ partie de l'unité est contenue dans A, nous aurions trouvé de même une fraction variable $\frac{a'}{n}$, pouvant approcher indéfiniment de A Seulement, tandis que la première fraction $\frac{a}{n}$ reste constamment au dessous de A, la fraction $\frac{a'}{n}$ reste au contraire constamment au dessus.

318. D'après le théorème précédent, on peut définir un nombre incommensurable la limite d'une fraction variable qui représente une quantite incommensurable avec une approximation aussi grande qu'on veut.

ADDITION.

319. L'addition des nombres incommensurables a pour but de trouver la limite de la somme de plusieurs nombres incommensurables quand on les remplace par des fractions qui peuvent en approcher indéfiniment.

D'après le théorème (310) on obtiendra cette limite en faisant la somme des limites de ces fractions.

S'il y avait des nombres commensurables joints aux nombres incommensurables, on remplacerait encore les nombres incommensurables par les limites des fractions qui s'en rapprochent indéfiniment.

SOUSTRACTION.

320. La soustraction des nombres incommensurables a pour but de trouver la limite de la différence de deux nombres incommensurables, quand on les remplace par deux fractions qui peuvent en approcher indéfiniment.

D'après le théorème (311), on obtiendra cette limite en faisant la différence des limites de ces fractions.

Si l'un des nombres était commensurable, on remplacerait encore l'autre nombre incommensurable par la limite de la fraction qui s'en rapproche indéfiniment.

MULTIPLICATION.

321. La multiplication des nombres incommensurables a pour but de trouver la limite du produit de plusieurs facteurs incommensurables, quand on les remplace par des fractions qui peuvent en approcher indéfiniment.

D'après le théorème (313) on obtiendra cette limite en faisant le produit des limites de ces fractions.

S'il y avait des facteurs commensurables et incommensurables, on remplacerait encore les facteurs incommensurables par les limites des fractions qui s'en rapprochent indéfiniment.

DIVISION.

322. La division des nombres incommensurables a pour but de trouver la limite du quotient de deux nombres incommensurables quand on les remplace par des fractions qui peuvent en approcher indéfiniment.

D'après le théorème (314), on obtiendra cette limite en cherchant le quotient des limites de ces fractiens.

Si l'un des nombres était commensurable, on remplacerait encore l'autre nombre incommensurable par la limite de la fraction qui s'en approche indéfiniment.

PUISSANCES

323. Élever un nombre incommensurable à une puissance, c'est trouver la limite d'une puissance d'un nombre incommensurable, quand on le remplace par une fraction qui peut en approcher indéfiniment.

D'après le théorème (315) on obtiendra cette limite, en élevant à cette puissance la limite de cette fraction.

RACINES

324. Extraire une racine d'un nombre incommensurable, c'est trouver la limite d'une racine d'un nombre incommensurable, quand on le remplace par une fraction qui peut en approcher indéfiniment.

D'après le théorème 316 on obtiendra cette limite en prenant la racine de même indice de la limite de cette fraction.

REMARQUES GÉNÉRALES

325. Les théorèmes susceptibles de s'appliquer à des nombres commensurables quelconques s'appliquent aussi aux nombres incommensurables. On peut le démontrer facilement, en appliquant les théorèmes relatifs aux limites. Par exemple :

Le produit de plusieurs facteurs incommensurables ne change pas, quand on intervertit l'ordre des facteurs.

Ainsi soit A, B, C, D plusieurs nombres incommensurables ; je dis que

$$A \times B \times C \times D = B \times D \times A \times C$$

En effet soit a, b, c, d des valeurs indéterminées des fractions variables, qui peuvent se rapprocher indéfiniment de A, B, C, D. On aura pour toute valeur déterminée de a, b, c, d,

$$a \times b \times c \times d = b \times d \times a \times c \qquad (255).$$

cette égalité ayant lieu, quelque rapprochées que soient a, b, c, d de A, B, C, D ; on pourra écrire

$$\lim (a \times b \times c \times d) = \lim (b \times d \times a \times c) \qquad (309) ;$$

d'où

$$\lim a \quad \lim b \times \lim c \times \lim d = \lim b \times \lim d \times \lim a \times \lim c \qquad (313),$$

ou

$$A \times B \times C \times D = B \times D \times A \times C \qquad (318).$$

On démontrerait les autres théorèmes d'une manière analogue.

326. Les fractions variables, pouvant approcher indéfiniment des nombres incommensurables, se présentent dans la pratique sous la forme de fractions décimales d'un nombre illimité de chiffres décimaux, mais non périodiques. Leurs limites représentant des quantités qui n'ont pas de commune mesure avec l'unité, ne peuvent pas être exprimées exactement par des nombres. D'où vient le nom de nombres incommensurables donné à ces limites. Les limites des fractions périodiques sont au contraire, comme nous l'avons vu, des nombres commensurables. Cela tient à ce que ces limites représentent des quantités, qui, quoique n'étant pas susceptibles d'être évaluées exactement par des parties décimales, peuvent l'être cependant par d'autres parties de l'unité ; de sorte que ces quantités ne sont pas comme les précédentes incommensurables.

On est évidemment obligé de remplacer dans les calculs les nombres incommensurables par des valeurs approchées, que l'on obtient en limitant les fractions variables, qui en approchent indéfiniment. De même quand des fractions décimales exactes ont un grand nombre de chiffres décimaux, et qu'il n'est pas nécessaire de connaître les résultats des calculs avec une approximation aussi grande que celle qui résulterait de leur introduction dans les opérations avec tous leurs chiffres ; on remplace ces fractions décimales par des valeurs approchées. Dans tous ces cas les résultats que l'on obtient ne sont pas exacts, et n'ont pas l'approximation que nous avons indiquée dans les opérations des fractions décimales exactes. Il se présente alors naturellement deux questions : 1° Étant donnée l'approximation des nombres, sur lesquels on a à opérer ; déterminer l'approximation du résultat de l'opération ; 2° déterminer l'approximation avec laquelle il faut prendre les nombres sur lesquels on a à opérer ; pour avoir le résultat de l'opération avec une approximation donnée. Ce sont ces deux questions que nous allons résoudre dans le chapitre suivant.

CHAPITRE III

CALCULS D'APPROXIMATION

ERREURS ABSOLUES

327. Nous ferons d'abord observer que, dans une fraction décimale une unité décimale d'un chiffre quelconque a toujours une valeur plus grande que celle qui est représentée par les chiffres suivants de droite. Ainsi dans 7,348734, 0,001 est plus grand que 0,000734 ; car en écrivant ces deux dernières fractions sous la forme de fractions ordinaires, et multipliant les deux termes de la première par 1000, on a $\frac{1000}{1000000}$ et $\frac{734}{1000000}$; et il est évident que la première est plus grande que la seconde.

Par conséquent on obtient la valeur d'une fraction décimale à moins d'une unité décimale d'un certain ordre, en supprimant tous les chiffres qui expriment des unités inférieures à celles de cet ordre, et laissant le dernier chiffre conservé invariable ou l'augmentant d'une unité.

Ainsi la valeur de 7,348734 à moins de 0,001 est 7,348 par défaut et 7,349 par excès.

On peut, en faisant cette suppression, avoir la valeur de la fraction décimale à moins d'une demi-unité du dernier chiffre conservé ou avec une erreur égale à cette demi-unité. Il y a trois cas à distinguer :

1° Si le premier chiffre à supprimer est 5, et n'est pas suivi d'autres chiffres significatifs, on augmente d'une unité ou on laisse invariable le dernier chiffre conservé. L'erreur commise est alors égale à une demi-unité du dernier chiffre conservé. Ainsi 6,347 est la valeur par défaut de 6,3475 avec une erreur égale à $\frac{0,001}{2}$; car $\frac{0,001}{2} = 0,0005$. De même 6,348 est la valeur par excès de 6,3475 avec la même erreur.

2° Si le premier chiffre à supprimer est supérieur à 5, ou si étant 5, il est suivi d'autres chiffres significatifs, on augmente d'une unité le dernier chiffre conservé. On a alors une valeur par excès avec une erreur moindre qu'une demi-unité du dernier chiffre conservé. Ainsi 6,348 est la valeur par excès de 6,34785 à moins d'un demi-millième ; car on a $\frac{0,001}{2} < 0,00085$.

3° Si le premier chiffre à supprimer est inférieur à 5, on laisse le dernier chiffre conservé invariable ; on a alors une valeur par défaut avec une erreur moindre qu'une demi-unité du dernier chiffre conservé. Ainsi 6,347 est la valeur par défaut de 6,34749 à moins d'un demi-millième ; car on a $\frac{0,001}{2} > 0,00049$.

328. On appelle erreur absolue d'un nombre la différence entre ce nombre et sa valeur exacte. Ainsi 3 est l'erreur absolue de 65 pris pour 68.

Lorsqu'on remplace dans un calcul un nombre incommensurable par une fraction décimale approchée, l'erreur absolue ne peut pas être connue d'une manière exacte; on la remplace alors par ce qu'on appelle une limite de l'erreur absolue. On appelle ainsi un nombre plus grand que l'erreur. On exprime généralement cette limite par une unité ou une demi-unité de l'ordre du dernier chiffre conservé. Ce qui est possible, d'après ce que nous avons dit au n° (327). On remplace encore de même l'erreur absolue, quand on supprime un certain nombre de chiffres décimaux à la droite d'une fraction décimale exacte.

Nous ne nous occuperons que des limites des erreurs absolues. On n'a à considérer que cette sorte d'erreurs absolues dans la pratique.

ADDITION

329. L'erreur absolue de la somme de plusieurs nombres approchés est plus petite que la somme des limites des erreurs absolues de ces nombres.

Considérons le cas le plus défavorable, celui où tous les nombres sont approchés dans le même sens ; ou tous par défaut, ou tous par excès. Car quand les nombres sont approchés les uns par défaut, les autres par excès, les erreurs se compensent en partie.

Soit donc A, B, C plusieurs nombres quelconques ; a, b, c des valeurs par défaut de ces nombres ; α, β, γ les limites des erreurs absolues de ces valeurs ; $a + \alpha$, $b + \beta$, $c + \gamma$ seront des valeurs par excès de ces nombres, α, β, γ seront encore les limites des erreurs absolues de ces valeurs (327). On aura

$$a < A < a + \alpha$$
$$b < B < b + \beta$$
$$c < C < c + \gamma.$$

En additionnant, il vient

$$a + b + c < A + B + C < (a + b + c) + (\alpha + \beta + \gamma).$$

La somme exacte $A + B + C$ est comprise entre $a + b + c$ et $(a + b + c) + (\alpha + \beta + \gamma)$; par conséquent elle diffère de l'un de ces récultats d'une quantité plus petite que leur différence $\alpha + \beta + \gamma$. Donc en prenant l'un d'eux pour la somme exacte, on commet une erreur plus petite que $\alpha + \beta + \gamma$, c'est-à-dire plus petite que la somme des limites des erreurs absolues des valeurs par défaut ou par excès. Le théorème est démontré.

APPLICATIONS

1° Avec quelle limite d'erreur absolue aura-t-on la somme des nombres 0,036856, 3,54897, 4,07569, si on additionne 0,0369, 3,549, 4,076.

Les erreurs absolues des nombres à additionner étant plus petites que $\frac{0,0001}{2}$, $\frac{0,001}{2}$, $\frac{0,001}{2}$; l'erreur absolue de la somme sera plus petite que $\frac{0,0001 + 0,001 + 0,001}{2}$, ou $\frac{0,0021}{2}$; *à fortiori* plus petite que $\frac{0,01}{2}$. Un demi-centième sera donc la limite d'erreur absolue demandée.

2° Avec quelle limite d'erreur absolue faut-il prendre plusieurs nombres donnés, pour que l'erreur absolue de la somme soit plus petite que $\frac{0,01}{2}$.

Si les nombres à additionner sont en nombre moindre que 10, il suffira évidemment de les prendre à moins de $\frac{0,001}{2}$; s'ils étaient en nombre plus grand que 10 et moindre que 100, il suffirait de les prendre à moins de $\frac{0,0001}{2}$.

SOUSTRACTION

330. L'erreur absolue de la différence de deux nombres approchés est plus petite que la somme des limites des erreurs absolues de ces nombres.

Considérons le cas le plus défavorable, celui où les deux nombres sont approchés en sens contraire; car quand ils sont approchés dans le même sens, le erreurs se compensent en partie.

Soit

$$a < A < a + \alpha,$$
$$b + \beta < B < b,$$

retranchons ces inégalités membre à membre. La soustraction se faisant entre des nombres approchés en sens contraire ; d'après le sens des inégalités on aura évidemment :

$$a - b - \beta < A - B < a + \alpha - b.$$

la différence exacte $A - B$ est comprise entre $a - b - \beta$ et $a + \alpha - b$; donc l'erreur commise, en prenant l'un de ces résultats pour la différence exacte, est plus petite que leur différence $(a + \alpha - b) - (a + b - \beta) = \alpha + \beta$ (19), c'est-à-dire plus petite que la somme des limites des erreurs absolues des valeurs par défaut ou par excès. Le principe est démontré.

APPLICATIONS

1° Avec quelle limite d'erreur absolue aura t-on la différence des deux nombres 36,5678 et 8,4567, si on fait la différence des nombres 36,57 et 8,46.

Les erreurs absolues des nombres qu'on soustrait, étant plus petites que $\frac{0,01}{2}$ et $\frac{0,01}{2}$; l'erreur commise sur la différence sera plus petite que $\frac{0,01 + 0,01}{2}$, ou $\frac{0,02}{2}$, ou 0,01. Un centième sera donc la limite d'erreur absolue demandée.

2° Avec quelle limite d'erreur absolue faut-il prendre deux nombres donnés, pour que l'erreur commise sur leur différence soit plus petite que 0,001.

Il suffira évidemment de prendre chacun d'eux à moins de $\frac{0,001}{2}$.

MULTIPLICATION

331. L'un des facteurs est approché, l'autre est exact.

L'erreur absolue du produit d'un facteur approché par un facteur exact est plus petite que le produit de la limite de l'erreur absolue du facteur approché par le facteur exact.

Soit

$$a < A < a + \alpha,$$

en multipliant par un facteur exact B,
on a

$$a \times B < A \times B < a \times B + \alpha \times B.$$

Le produit exact $A \times B$ est compris entre $a \times B$ et $a \times B + \alpha \times B$; donc l'erreur commise, en prenant l'un de ces deux résultats pour le produit exact, est plus petite que leur différence $\alpha \times B$. Le principe est démontré.

APPLICATIONS

1° Avec quelle limite d'erreur absolue aura-t-on le produit de 3,5367849 par 75, si on multiplie 3,5368 par 75.

L'erreur du multiplicande étant plus petite que $\frac{0,0001}{2}$, l'erreur du produit sera plus petite que $\frac{0,0001}{2} \times 75$ ou $\frac{0,0075}{2}$; *à fortiori* plus petite que $\frac{0,01}{2}$. Un demi-centième sera donc la limite d'erreur absolue demandée.

2° Avec quelle limite d'erreur absolue faut-il prendre 3,53678493, pour que l'erreur de son produit par 75 soit plus petite que $\frac{0,001}{2}$.

Appelons e l'erreur commise sur le produit; on veut avoir

$e < \frac{0,001}{2}$. Nous savons que l'on aura toujours $e < \alpha \times 75$ (331), α désignant la limite d'erreur absolue demandée. La première inégalité sera donc satisfaite, si l'on détermine α de manière à avoir $\alpha \times 75 < \frac{0,001}{2}$; d'où on tire en divisant par 75, $\alpha < \frac{0,001}{2 \times 75}$. La première inégalité sera *à fortiori* satisfaite, en prenant $\alpha < \frac{0,001}{1000}$, ou $\alpha < 0,000001$; car l'erreur du produit sera évidemment d'autant plus petite, que le facteur inexact sera plus approché. Ainsi en prenant le multiplicande avec une limite d'erreur absolue égale à 0,000001, on aura le produit demandé.

332. Les deux facteurs sont approchés.

L'erreur absolue du produit de deux facteurs approchés est plus petite que la somme des produits qu'on obtient, en multipliant chaque facteur par la limite de l'erreur absolue de l'autre facteur.

Nous considèrerons le cas le plus défavorable, celui où les facteurs sont approchés dans le même sens ; car quand ils sont approchés en sens contraire, les erreurs se compensent en partie,

Soit

$$a < A < a + \alpha ;$$
$$b < B < b + \beta .$$

en multipliant, on a

$$a \times b < A \times B < a \times b + \alpha \times b + a \times \beta + \alpha \times \beta \ (32).$$

$\alpha \times \beta$ est généralement suffisamment petit, pour que l'on ait encore l'inégalité

$$a \times b < A \times B < a \times b + \alpha \times b + a \times \beta.$$

Le produit exact $A \times B$ est compris entre $a \times b$ et $a \times b + \alpha \times b + a \times \beta$; donc l'erreur commise, en prenant l'un de ces résultats pour le produit exact, est plus petite que leur différence $\alpha \times b + a \times \beta$. Le principe est démontré.

APPLICATIONS.

Avec quelle limite d'erreur absolue aura-t-on le produit de 3,56789 par 7,36894, si on multiplie 3,568 par 7,37.

Les erreurs des deux facteurs étant plus petites $\frac{0,001}{2}$ et $\frac{0,01}{2}$, l'erreur du produit sera plus petite $\frac{0,001}{2} \times 7,37 + \frac{0,01}{2} \times 3,568$, ou $\frac{0,00737}{2} + \frac{0,03568}{2}$; à plus forte raison plus petite que $\frac{0,1}{2}$. un demi-dixième sera donc la limite d'erreur absolue demandée.

2° Avec quelles limites d'erreur absolue faut-il prendre deux facteurs donnés, pour que l'erreur du produit soit plus petite qu'un nombre ε (prononcez ε epsilon).

Le problème est indéterminé, c'est-à-dire est susceptible d'un nombre infini de solutions ; car, si en raisonnant comme nous l'avons fait dans le problème analogue du n° 331, on pose $\alpha \times b + a \times \beta < \varepsilon$, α et β désignant alors les limites demandées, on voit que, pour obtenir l'une d'elles il faudra supposer l'autre connue, c'est-à-dire lui attribuer une valeur arbitraire ; on pourra donc obtenir ainsi un nombre infini de solutions.

DIVISION.

333. Le dividende est approché, le diviseur est exact.

L'erreur absolue du quotient d'un nombre approché par un nombre exact est plus petite que la limite de l'erreur absolue du dividende, divisée par le diviseur.

Soit

$$a < A < a + \alpha.$$

En divisant par un nombre exact B, on a

$$\frac{a}{B} < \frac{A}{B} < \frac{a}{B} + \frac{\alpha}{B}.$$

en prenant l'un des résultats $\frac{a}{B}$ ou $\frac{a}{B} + \frac{\alpha}{B}$ pour le quotient exact $\frac{A}{B}$, on commet une erreur plus petite que $\frac{\alpha}{B}$. Le principe est démontré.

APPLICATIONS.

1° Avec quelle limite d'erreur absolue aura-t-on le quotient de 3,56789 par 68, si on divise 3,568 par 68.

L'erreur du dividende étant plns petite que $\frac{0,001}{2}$, l'erreur du quotient sera plus petite que $\frac{0,001}{2 \times 68}$, plus petite que $\frac{0,001}{100}$, ou 0,00001, un cent-millième sera donc la limite d'erreur absolue demandée.

2° Avec quelle limite d'erreur absolue faut-il prendre 45,736846, pour que l'erreur de son quotitient par 736 soit plus petite que $\frac{0,001}{2}$.

Appelons e l'erreur commise sur le quotient, on veut avoir $e < \frac{0,001}{2}$. Nous savons, que l'on aura toujours $e < \frac{\alpha}{736}$ (333), α désignant la limite d'erreur absolue demandée. La première inégalité sera donc satisfaite, si l'on détermine α de manière à avoir $\frac{\alpha}{736} < \frac{0,001}{2}$; d'où on tire en multipliant par 736 $\alpha < \frac{0,001 \times 736}{2}$, ou $\alpha < \frac{0,736}{2}$. On remplira à fortiori la condition proposée, en prenant $\alpha < \frac{0,1}{2}$. Ainsi en prenant le dividende avec une limite d'erreur absolue égale à $\frac{0,1}{2}$, on aura le quotient demandé.

334. Le dividende est exact, le diviseur est approché.

L'erreur absolue du quotient d'un nombre exact par un nombre approché est plus petite que le produit du dividende par la limite de l'erreur absolue du diviseur, divisé par le carré du diviseur.

Soit $b < B < b + \beta$, en divisant le nombre exact A par chaque membre de ces inégalités, on aura évidemment

$$\frac{A}{b} > \frac{A}{B} > \frac{A}{b+\beta}.$$

L'erreur commise, en prenant l'un des résultats $\frac{A}{b}$ ou $\frac{A}{b+\beta}$ pour le quotient exact $\frac{A}{B}$, est plus petite que la différence $\frac{A}{b} - \frac{A}{b+\beta}$ ou $\frac{A \times \beta}{b\,(b+\beta)}$ (209); et à fortiori plus petite que $\frac{A \times \beta}{b^2}$. le principe est démontré.

APPLICATIONS.

1° Avec quelle limite d'erreur absolue aura-t-on le quotient de 354 par 7,54678, si on divise 354 par 7,547.

L'erreur du diviseur étant plus petite que $\frac{0{,}001}{2}$, l'erreur du quotient sera plus petite que $\frac{0{,}001 \times 354}{2 \times 7{,}\ 547^2}$, à fortiori plus petite que $\frac{0{,}354}{2 \times 10}$ plus petite que $\frac{0{,}1}{2}$.

2° Avec quelle limite d'erreur absolue faut-il prendre le diviseur dans la division de 945 par 3,53869475, pour que l'erreur du quotient soit plus petite que $\frac{0{,}001}{2}$.

Appelons e l'erreur commise sur le quotient on veut avoir $e < \frac{0{,}001}{2}$ Nous savons que l'on aura toujours $e < \frac{\beta \times 945}{b^2}$, β désignant la limite d'erreur absolue demandée et b la valeur approchée du diviseur. La première inégalité sera donc satisfaite, si l'on détermine β de manière à avoir $\frac{\beta \times 945}{b^2} < \frac{0{,}001}{2}$; d'où on tire en divisant par $\frac{945}{b^2}$, $\beta < \frac{0{,}001 \times b^2}{2 \times 945}$. La valeur de b dépendant de celle de β n'est pas connue. Nous remarquerons maintenant qu'on remplira à fortiori la condition demandée, en prenant pour β une valeur plus petite que celle que détermine le second membre de la dernière inégalité. D'après cette considération nous remplacerons b dans ce second membre par une valeur plus petite que celle que nous voulons obtenir, par la partie entière du diviseur par exemple, ou 3. On aura alors β

$< \frac{0,001 \times 9}{2 \times 945}$; à fortiori on remplira la condition demandée en prenant $\beta < \frac{0,001}{2 \times 1000}$, ou $\beta < \frac{0,000001}{2}$.

Ainsi en prenant le diviseur avec une limite d'erreur absolue égale à 0,0000001, on aura le quotient demandé.

335. Le dividende et le diviseur sont approchés.

L'erreur absolue du quotient de deux nombres approchés est plus petite que la somme des produits qu'on obtient, en multipliant chaque terme de la division par la limite de l'erreur absolue de l'autre, divisée par le carré du diviseur.

Nous considèrerons le cas le plus défavorable, celui où les deux facteurs sont approchés en sens contraire ; car quand ils sont approchés dans le même sens, les erreurs se compensent en partie,

soit

$$a < A < a + \alpha,$$
$$b + \beta < B < b.$$

en divisant, on aura évidemment

$$\frac{a}{b+\beta} < \frac{A}{B} < \frac{a+\alpha}{b}.$$

L'erreur commise en prenant l'un des résultats $\frac{a}{b+\beta}$ ou $\frac{a+\alpha}{b}$ pour le quotient exact $\frac{A}{B}$, est plus petite que $\frac{a+\alpha}{b} - \frac{a}{b+\beta}$, ou $\frac{\alpha \times b + a \times \beta + \alpha \times \beta}{b\,(b+\beta)}$ (209) ; et *à fortiori* plus petite que $\frac{\alpha \times b + a \times \beta + \alpha \times \beta}{b^2}$; et comme $\alpha \times \beta$ peut être négligé, l'erreur commise est plus petite que $\frac{\alpha \times b + a \times \beta}{b^2}$. Le principe est démontré.

APPLICATIONS.

1° Avec quelle limite d'erreur absolue aura-t-on le quotient de 7,368904 par 4,36875, si on divise 7,3689 par 4,369.

Les erreurs du dividende et du diviseur étant plus petites que

$\frac{0,0001}{2}$ et $\frac{0,001}{2}$, l'erreur du quotient sera plus petite que
$\frac{0,0001 \times 4,369 + 0,001 \times 7,3689}{2 \times 4,369^2}$, ou $\frac{0,0004369 + 0,0073689}{2 \times 4,369^2}$;
à fortiori plus petite que $\frac{0,01}{2 \times 10}$ ou $\frac{0,001}{2}$.

2° Avec quelles limites d'erreur absolue faut-il prendre le dividende et le diviseur, pour que l'erreur du quotient soit plus petite qu'un nombre ε.

Le problème est indéterminé ; car, si en raisonnant comme dans le problème analogue du n° (334), on pose $\frac{\alpha \times b + a \times \beta}{b^2} < \varepsilon$, α et β désignant alors les limites demandées ; on voit que pour obtenir l'une d'elles, il faudra supposer l'autre connue. On pourra donc obtenir un nombre infini de solutions.

PUISSANCES.

336. L'erreur absolue du carré d'un nombre approché est plus petite que le double du produit obtenu, en multipliant ce nombre par sa limite d'erreur absolue.

Soit

$$a < A < a + \alpha,$$

en élevant au carré, on a

$$a^2 < A^2 < (a + \alpha)^2,$$
$$a^2 < A^2 < a^2 + 2 \times a \times \alpha + \alpha^2 \ (32).$$

α^2 est généralement suffisamment petit, pour que l'on ait encore l'inégalité

$$a^2 < A^2 < a^2 + 2 \times a \times \alpha.$$

L'erreur commise en prenant l'un des résultats a^2 ou $a^2 + 2 \times a \times \alpha$ pour le carré exact A^2, est plus petite que leur différence $2 \times a \times \alpha$. Le principe est démontré.

APPLICATIONS.

1° Avec quelle limite d'erreur absolue aura-t-on le carré de 5,894275, si on forme le carré de 5,89.

L'erreur commise sur le nombre étant plus petite que $\frac{0,01}{2}$, l'erreur du carré sera plus petite que $\frac{2 \times 0,01 \times 5,89}{2}$ ou 0,0589, à plus forte raison plus petite que 0,1.

2° Avec quelle limite d'erreur absolue faut-il prendre 7,946839, pour que l'erreur de son carré soit plus petite que $\frac{0,01}{2}$.

D'après un raisonnement connu, on posera $2 \times a \times \alpha < \frac{0,01}{2}$; d'où $\alpha < \frac{0,01}{2 \times 2 \times a}$. Ici encore a n'est pas connu ; mais il est évident qu'on remplira *à fortiori* la condition demandée, en prenant pour α une valeur plus petite que celle que détermine le second nombre de la dernière inégalité. D'après cette considération nous remplacerons a par une valeur par excès aussi simple que possible de A ; dans ce cas par 8. On aura alors $\alpha < \frac{0,91}{2 \times 2 \times 8}$. On remplira *à fortiori* la condition demandée, en prenant $\alpha < \frac{0,01}{100}$. ou $\alpha < 0,0001$. Ainsi en prenant le nombre proposé avec une limite d'erreur absolue égale à 0,0001, on aura le carré demandé.

337. L'erreur absolue du cube d'un nombre approché est plus petite que le triple du produit obtenu, en multipliant le carré de ce nombre par sa limite d'erreur absolue.

Soit

$$a < A < a + \alpha,$$

en élevant au cube, on a

$$a^3 < A^3 > < a^3 + 3 \times a^2 \times \alpha + 3 \times a \times \alpha^2 + \alpha^3 \ (32).$$

La somme $3 \times a \times \alpha^2 + \alpha^3$ est généralement suffisamment petite pour que l'on ait encore l'inégalité

$$a^3 < A^3 < a^3 + 3 \times a^2 \times \alpha.$$

Cette inégalité établit le principe énoncé.

APPLICATIONS

1° Avec quelle limite d'erreur absolue aura-t-on le cube de 2,31046, si on forme le cube de 2,31.

L'erreur commise sur le nombre étant plus petite que $\frac{0,001}{2}$, l'erreur du cube sera plus petite que $3 \times \frac{0,001}{2} \times 2,31^2$; *à fortiori* plus petite que $3 \times \frac{0,001 \times 10}{2}$ ou $\frac{0,03}{2}$, plus petite que $\frac{0,1}{2}$.

2° Avec quelle limite d'erreur absolue faut-il prendre 4,569483, pour que l'erreur de son cube soit plus petite que $\frac{0,01}{2}$.

D'après un raisonnement connu on posera $3 \times a^2 \times \alpha < \frac{0,01}{2}$; d'où $\alpha < \frac{0,01}{2 \times 3 \times a^2}$. La valeur par excès la plus simple de a est 5. En remplaçant a par 5, on aura $\alpha < \frac{0,01}{2 \times 3 \times 5^2}$ On remplira *à fortiori* la condition demandée, en prenant $\alpha < \frac{0,01}{2 \times 100}$ ou $\alpha < \frac{0,0001}{2}$. Ainsi, en prenant le nombre proposé avec une limite d'erreur absolue égale à $\frac{0,0001}{2}$, on aura le cube demandé.

RACINES.

338. L'erreur absolue de la racine carrée d'un nombre approché est plus petite que la limite de l'erreur absolue de ce nombre divisée par le double de la racine carrée de ce nombre.

Soit

$$a < A < a + \alpha,$$

en prenant la racine carrée, on a

$$\sqrt{a} < \sqrt{A} < \sqrt{a+\alpha}.$$

L'erreur commise, en prenant l'un des résultats $\sqrt{a}$ ou $\sqrt{a+\alpha}$ pour la racine exacte $\sqrt{A}$, est plus plus petite que leur différence $\sqrt{a+\alpha} - \sqrt{a}$. Cette différence ne changera pas en la multipliant et la divisant par $\sqrt{a+\alpha} + \sqrt{a}$; on a ainsi

$$\frac{(\sqrt{a+\alpha} - \sqrt{a})(\sqrt{a+\alpha} + \sqrt{a})}{\sqrt{a+\alpha} + \sqrt{a}}$$

ou

$$\frac{a + \alpha + \sqrt{a} \times \sqrt{a+\alpha} - \sqrt{a} \times \sqrt{a+\alpha} - a}{\sqrt{a+\alpha} + \sqrt{a}} \ (35),$$

ou

$$\frac{\alpha}{\sqrt{a+\alpha} + \sqrt{a}}.$$

à fortiori l'erreur commise sera plus petite que $\frac{\alpha}{2 \times \sqrt{a}}$. Le principe est démontré.

APPLICATIONS.

Avec quelle limite d'erreur absolue aura-t-on la racine carrée de 3,568945, si on extrait la racine carrée de 3,569.

L'erreur commise sur le nombre étant plus petite que $\frac{0,001}{2}$.

l'erreur de la racine carrée sera plus petite que $\frac{0,001}{2 \times 2 \times \sqrt{3,596}}$

à fortiori plus petite que $\frac{0,001}{1}$ ou 0,001.

2° Avec quelle limite d'erreur absolue faut-il prendre 4,5421, pour que l'erreur de sa racine carrée soit plus petite que $\frac{0,01}{2}$.

D'après un raisonnement connu on posera $\frac{\alpha}{2 \times \sqrt{a}} < \frac{0,01}{2}$;

d'où $\alpha < \frac{0,01 \times 2 \times \sqrt{a}}{2}$, ou $\alpha < 0,01 \times \sqrt{a}$.

Remplaçons a par une valeur plus simple que celle que nous voulons obtenir, par 4 par exemple ; on aura $\alpha < 0,02$. On remplira *à fortiori* la condition demandée, en prenant $\alpha < 0,01$. Ainsi en prenant le nombre proposé avec une limite d'erreur absolue égale à 0,01, on aura la racine carrée demandée.

339. L'erreur absolue de la racine cubique d'un nombre approché est plus petite que la limite de l'erreur absolue de ce nombre, divisée par le double de la racine cubique de ce nombre.

La démonstration de ce principe et ses applications sont analogues à celles du précédent.

ERREURS RELATIVES

338. On appelle erreur relative d'un nombre le quotient de son erreur absolue par sa valeur exacte. Ainsi $\frac{3}{68}$ est l'erreur relative de 65 pris pour 68.

C'est par l'erreur relative que l'on peut seulement apprécier le degré d'exactitude avec lequel un nombre a été calculé.

Supposons, par exemple, que sur une longueur de 25 mètres on ait commis une erreur de 1 mètre, et sur une longueur de 150 mètres une erreur de 3 mètres. L'erreur absolue dans le premier cas est plus petite que dans le second, et cependant le premier nombre, qui ne peut être que 24 ou 26, aura été obtenu moins exactement que le second, qui sera 147 ou 153 ; car dans le premier cas la longueur aura été évaluée à moins de $\frac{1}{25}$ d'elle-même, tandis que dans le second elle aura été évaluée a moins de $\frac{3}{150}$ ou $\frac{1}{50}$ d'elle-même, c'est-à-dire avec une approximation deux fois plus grande.

Il n'est pas généralement possible d'assigner exactement l'erreur relative ; parce que l'erreur absolue, comme nous l'avons vu, ne peut pas généralement s'exprimer exactement. On remremplace alors l'erreur relative par ce qu'on appelle une limite d'erreur relative. On appelle ainsi un nombre plus grand que l'erreur relative. On exprime généralement cette limite par une unité ou une demi unité décimale d'un certain ordre que nous allons apprendre à déterminer.

339. Lorsqu'on supprime un ou plusieurs chiffres à la droite d'une fraction décimale, en laissant le dernier chiffre conservé invariable ou en l'augmentant d'une unité, l'erreur relative que l'on commet, est toujours moindre qu'une unité décimale d'un ordre égal au nombre des chiffres conservés, à partir du premier chiffre significatif, moins un.

Ainsi en remplaçant 3,456894 par 3,4568 ou 3,4569, on commet une erreur relative moindre qu'une unité décimale du quatrième ordre, c'est-à-dire qu'un dix-millième.

En effet l'erreur absolue étant alors moindre que 0,0001 (327), l'erreur relative sera moindre que $\frac{0,0001}{3,4568}$; car de ce que le numérateur est plus grand que l'erreur absolue, et le dénominateur plus petit que la valeur exacte du nombre proposé ; cette fraction doit exprimer un nombre plus grand que l'erreur relative ; à plus forte raison, cette erreur relative sera moindre que $\frac{0,0001}{1}$ ou 0,0001. Comme on peut répéter ce raisonnement sur une fraction décimale quelconque. Le principe est démontré.

En raisonnant d'une manière analogue sur 0,0068945 nous aurions trouvé, qu'en remplaçant cette fraction par 0,00689, l'erreur relative serait moindre que 0,01.

De là résulte la règle suivante :

On obtient la valeur d'une fraction décimale avec une limite d'erreur relative égale à une unité décimale d'un certain ordre, en prenant sur la gauche de cette fraction, à partir de son premier chiffre significatif, autant de chiffres plus un que l'indique l'ordre de cette unité décimale, et laissant le dernier chiffre conservé invariable ou l'augmentant d'une unité.

Ainsi les valeurs de 73,5368 et 0,0459486 avec une limite d'erreur relative égale à 0,001 sont 73,53 et 0,04594 par défaut ; 73,54 et 8,04595 sont ces mêmes valeurs par excès.

Remarque I. — Dans la proposition précédente on a $\frac{0,0001}{3,4568}$ au moins deux fois plus petit que 0,0001; et comme l'erreur relative est plus petite que $\frac{0,0001}{3,4568}$, on peut donc dire qu'elle est plus petite que $\frac{0,0001}{2}$. Il résulte de là que l'application de la règle précédente donnera la valeur de la fraction avec une limite d'erreur relative égale à une demi unité décimale de l'ordre désigné, chaque fois que le premier chiffre à gauche de cette fraction sera plus grand que 1. Ainsi 15,789 est la valeur de 15,78946 avec une limite d'erreur relative égale à $\frac{0,0001}{2}$, et 0,04687 est la valeur de 0,0468752 avec une limite d'erreur relative égale à $\frac{0,001}{2}$. Si le premier chiffre à gauche était 1, il faudrait prendre un chiffre de plus.

Remarque II. — α étant la limite de l'erreur absolue de a pris pour A $\frac{\alpha}{A}$ sera une limite d'erreur relative. En posant $\frac{\alpha}{A} = m$ on aura $\alpha = m \times A$; par suite l'inégalité $a < A < a + \alpha$ pourra s'écrire $a < A < a + m \times A$. Il est évident que cette dernière inégalité subsisterait *à fortiori*, si on calculait la limite d'erreur relative m, en remplaçant dans $\frac{\alpha}{A}$ A, par une valeur plus petite.

ADDITION.

340. L'erreur relative de la somme de plusieurs nombres approchés est plus petite que la somme des limites des erreurs relatives de ces nombres.

Nous considèrerons encore le cas le plus défavorable, celui où les nombres sont approchés, ou tous par défaut, ou tous par excès.

Soit

$$a < A < a + m \times A,$$
$$b < B < b + n \times B.$$

En additionnant, il vient

$$a + b < A + B < a + b + m \times A + n \times B$$

L'erreur absolue commise sur la somme exacte A + B, en prenant l'un des résultats A + B ou $a + b + m \times A + n \times B$ pour cette somme, est plus petite que $m \times A + n \times B$; par conséquent l'erreur relative sera plus petite que $\frac{m \times A + n \times B}{A+B}$, ou $\frac{m \times A}{A+B} + \frac{n \times B}{A+B}$, ou $m \times \frac{A}{A+B}, + n \times \frac{B}{A+B}$; à plus forte raison plus petite que $m+n$ (222). Le principe est démontré.

APPLICASIONS.

Avec quelle limite d'erreur relative aura-t-on la somme des nombres 0,0844578, 3,468457, 0,569421, si on additionne 0,08445, 3,4684, 0,569.

Les erreurs relatives des nombres à additionner étant plus petites que $\frac{0,001}{2}$, $\frac{0,0001}{2}$, $\frac{0,01}{2}$, l'erreur relative de la somme sera plus petite que $\frac{0,001 + 0,0001 + 0,01}{2}$, plus petite que $\frac{0,02}{2}$ ou 0,01.

Un centième sera donc la limite d'erreur relative demandée.

2° Avec quelle limite d'erreur relative faut-il prendre plusieurs nombres données, pour que l'erreur relative de la somme soit plus petite que $\frac{0,01}{2}$.

Si les nombres à additionner sont en nombre moindre que 10, il suffira évidemment de les prendre avec une limite d'erreur relative égale à $\frac{0,001}{2}$; s'ils étaient en nombre moindre que 100 et plus grand que 10, il suffirait de les prendre avec une limite d'erreur relative égale à $\frac{0,0001}{2}$.

SOUSTRACTION.

341. L'erreur relative de la différence de deux nombres approchés est plus petite que la somme des limites des erreurs relatives de ces nombres, multipliés respectivement par le quotient obtenu, en divisant chaque valeur approchée correspondante par la différence de ces valeurs.

Nous considérerons encore le cas le plus défavorable, celui où les deux nombres sont rapprochés en sens contraire.

Soit

$$a < A < a + m \times A$$
$$b + n \times B > B > b.$$

En retranchant, on a

$$a - b - n \times B < A - B < a + m \times A - b.$$

L'erreur absolue commise, en prenant l'un des résultats extrêmes pour la différence exacte, est plus petite que $a + m \times A - b - a + b + n \times B$ (19), ou $m \times A + n \times B$. L'erreur relative sera donc moindre $\frac{m \times A + n \times B}{A - B}$, moindre que $m \times \frac{A}{A - B} + n \times \frac{B}{A - B}$, qui est sensiblement égal à $m \times \frac{a}{a - b} + n \times \frac{b}{a - b}$. Le principe est démontré.

APPLICATIONS.

1° Avec quelle limite d'erreur relative aura-t-on la différence des deux nombres 0,589467 et 0,0086532, si on fait la différence des nombres 0,5895,0,00865.

Les erreurs relatives des nombres qu'on soustrait, étant plus petites que $\frac{0,001}{2}$ et $\frac{0,01}{2}$, l'erreur relative de leur différence sera plus petite que $\frac{0,001}{2} \times \frac{0,5894}{0,5894 - 0,00865} + \frac{0,01}{2} \times \frac{0,00865}{0,5894 - 0,00865}$, *à fortiori* plus petite que $\frac{0,001}{2} \times \frac{1}{0,1} + \frac{0,01}{2} \times \frac{0,01}{0,1}$, ou $\frac{0,001 + 0,0001}{0,2}$, plus petite que 0,01.

Nous ferons remarquer que, si les deux nombres donnés étaient peu différents l'un de l'autre ; ce qui n'a pas lieu dans notre exemple, l'erreur relative de leur différence pourrait être très grande, plus grande même que leur différence exacte. De sorte qu'on ne doit se servir qu'avec réserve d'un nombre obtenu par la différence de deux nombres approchés, lorsque ces derniers diffèrent peu l'un de l'autre.

2° Avec quelle limite d'erreur relative faut-il prendre deux nombres donnés, pour que l'erreur de leur différence soit plus petite qu'une quantité ε.

D'après un raisonnement connu on posera $m \times \frac{a}{a-b} + n \times \frac{b}{a-b} < \varepsilon$. On remplacera dans cette inégalité a et b par des valeurs par défaut ou par excès, de manière que le premier membre de cette inégalité augmente ; on donnera ensuite une valeur arbitraire à l'une des inconnues m ou n, et on en déduira la valeur de l'autre inconnue.

MULTIPLICATION.

342. L'un des facteurs est approché l'autre est exact.

L'erreur relative du produit d'un facteur approché par un facteur exact est plus petite que la limite d'erreur relative du facteur approché. Soit $a < \mathrm{A} < a + m \times \mathrm{A}$. En multipliant par un nombre exact B, on a $a \times \mathrm{B} < \mathrm{A} \times \mathrm{B} < a \times \mathrm{B} + m \times \mathrm{A} \times \mathrm{B}$.

L'erreur absolue commise, en prenant l'un des résultats extrêmes pour le produit exact, est plus petite que leur différence $m \times \mathrm{A} \times \mathrm{B}$; donc l'erreur relative de ce produit sera plus petite que $\frac{m \times \mathrm{A} \times \mathrm{B}}{\mathrm{A} \times \mathrm{B}}$ ou m. Le principe est démontré.

343. Les deux facteurs sont approchés.

L'erreur relative du produit de deux facteurs approchés est plus petite que la somme des limites des erreurs relatives des deux facteurs.

Nous considèrerons encore le cas le plus défavorable, celui où les deux facteurs sont approchés dans le même sens.

Soit

$$a < \mathrm{A} < a + m \times \mathrm{A},$$
$$b < \mathrm{B} < b + n \times \mathrm{B}.$$

En multipliant, il vient

$$a \times b < \mathrm{A} \times \mathrm{B} < a \times b + b \times m \times \mathrm{A} + a \times n \times \mathrm{B} + m \times n \times \mathrm{A} + \mathrm{B}.$$

L'erreur absolue commise, en prenant l'un des résultats extrêmes pour le produit, exact est plus petite que leur différence $b \times m \times \mathrm{A} + a \times n \times \mathrm{B} + m \times n \times \mathrm{A} \times \mathrm{B}$. Le terme $m \times n \times \mathrm{A} \times \mathrm{B}$ est suffisamment petit pour pouvoir être négligé ; de sorte que l'erreur relative sera plus petite que $\frac{b \times m \times \mathrm{A} + a \times n \times \mathrm{B}}{\mathrm{A} \times \mathrm{B}}$, que l'on peut écrire $m \times \frac{b}{\mathrm{B}} + n \times \frac{a}{\mathrm{A}}$ (48) (189) ; *à fortiori* plus petite que $m + n$.

DIVISION.

344. Le dividende est approché, le diviseur exact.

La limite de l'erreur relative du quotient d'un nombre approché par un nombre exact est égale à la limite de l'erreur relative du dividende.

En effet le produit du diviseur par le quotient devant être égal au dividende, la somme des limites des erreurs relatives du diviseur et du quotient devra être égale à la limite de l'erreur relative du dividende (343). Mais le diviseur étant exact, la limite de l'erreur du quotient sera la même que celle du dividende.

On peut de même déduire du n° (343), que :

1° La limite de l'erreur relative du quotient d'un nombre exact par un nombre approché est égale et de sens contraire à la limite de l'erreur relative du diviseur. (Une erreur est de sens contraire à une autre, lorsque l'une des valeurs correspondantes est par excès et l'autre par défaut)

2° La limite de l'erreur relative du quotient de deux nombres approchés dans le même sens est égale à la différence des limites des erreurs relatives du dividende et du diviseur. Elle est de même sens que celle du dividende ou de sens contraire, suivant que celle du dividende est plus grande ou plus petite que celle du diviseur.

345. Quand le dividende et le diviseur sont approchés en sens contraire, la limite de l'erreur relative du quotient est égale à la somme des limites des erreurs relatives du dividende et du diviseur.

Soit

$$a < \mathrm{A} < a + m \times \mathrm{A},$$
$$b + n \times \mathrm{B} > \mathrm{B} > b.$$

En divisant on a

$$\frac{a}{b + n \times \mathrm{B}} < \frac{\mathrm{A}}{\mathrm{B}} < \frac{a + m \times \mathrm{A}}{b}.$$

L'erreur absolue commise en prenant l'un des résultats extrêmes pour le quotient exact est plus petite que $\frac{a + m \times A}{b} - \frac{a}{b + n \times B}$ à *fortiori* plus petite que $\frac{b \times m \times A + a \times n \times B}{b^2}$ (335). par conséquent l'erreur relative sera plus petite que

$$\frac{\left(\frac{b \times m \times A + a \times n \times B}{b^2}\right)}{\left(\frac{A}{B}\right)}, \text{ou} \frac{\left(\frac{b \times m \times A + a \times n \times B}{b^2}\right)}{\left(\frac{a}{b}\right)},$$

$$\text{ou} \frac{b^2 \times m \times A + a \times b \times n \times B}{a \times b^2},$$

ou $\frac{m \times A}{a} + \frac{n \times B}{b}$, ou sensiblement $m + n$.

PUISSANCES.

346. L'erreur relative du carré d'un nombre approché est plus petite que le double de la limite de l'erreur relative de ce nombre.

Soit

$$a < A < a + m \times A.$$

On en déduit

$$a^2 < A^2 < a^2 + 2 \times a \times m \times A + m^2 \times A^2.$$

L'erreur absolue en prenant l'un des résultats extrêmes pour le carré exact est plus petite que $2 \times a \times m \times A$. ($m^2 \times A^2$ est suffisamment petit pour pouvoir être négligé) l'erreur relative sera donc plus petite que $\frac{2 \times a \times m \times A}{A^2}$ à fortiori moindre que $2 \times m$.

347. On démontrerait semblablement que l'erreur relative du cube d'un nombre approché est plus petite que le triple de la limite de l'erreur relative de ce nombre.

348. Il résulte immédiatement des deux principes précédents que :

1° La limite de l'erreur relative de la racine carrée d'un nombre approché est égale à la moitié de la limite de l'erreur relative de ce nombre.

2ᵉ La limite de l'erreur relative de la racine cubique d'un nombre approché est égale au tiers de la limite de l'erreur relative de ce nombre.

Les applications de tous les numéros, où nous n'en avons pas donné, n'offrent aucune difficulté.

REMARQUES GÉNÉRALES.

349. Les principes d'approximation que nous venons d'établir, ne s'appliquent d'après les démonstrations que nous en avons données, qu'aux résultats exacts des opérations des nombres approchés. Or ces résultats ne peuvent pas s'obtenir toujours d'une manière exacte. Ainsi on ne peut obtenir toujours en fraction décimale le quotient exact de la division de deux nombres, et on ne peut obtenir exactement en aucune manière les racines des nombres qui ne sont pas puissances parfaites de ces racines. Il résulte de là, qu'à partir d'un certain rang les chiffres des fractions décimales qui expriment ces résultats cessent d'être exacts. (On dit qu'un chiffre est exact, lorsqu'en supprimant tous ceux qui le suivent on obtient la valeur du nombre à moins d'une unité de l'ordre du dernier chiffre conservé) De même dans les fractions décimales, qui expriment exactement les résultats des opérations des nombres approchés, tous les chiffres peuvent ne pas être exacts. Ainsi dans un produit obtenu en multipliant un facteur approché à moins d'un millième par un facteur approché à moins d'un centième le dernier chiffre exprimera des cent millièmes, et cependant ce produit ne sera pas approché à moins d'un cent millième. On limite dans tous ces cas les fractions décimales à un nombre de chiffres exacts par l'application des deux règles suivantes.

350. 1° Quand une fraction décimale est affectée d'une erreur absolue moindre qu'une unité décimale d'un certain ordre, on supprime tous les chiffres qui expriment des unités inférieures à cette unité décimale ; et si la fraction proposée est approchée par défaut, on augmente d'une unité le dernier chiffre conservé. Dans le cas contraire il reste invariable.

Ainsi 3,78745 représentant un nombre A par défaut à moins d'un millième, 3,788 représentera aussi ce même nombre à moins d'un millième.

En effet on a par hypothèse $3,78745 < A < 3,78845$; *à fortiori* $3,787 < A < 3,789$. Or 3,788 différant de chacun des nombres 3,787 et 3,789 d'un millième, différera forcément du nombre A qu'ils comprennent de moins d'un millième.

De même 3,78745 représentant un nombre A par excès à moins d'un millième, 3,787 représentera ce même nombre à moins d'un millième.

On a par hypothèse $3,78645 < A < 3,78745$; *à fortiori* $3,786 < A < 3,788$; donc 3,787 diffère de A de moins d'un millième.

351. 2° Quand une fraction décimale est affectée d'une erreur relative moindre qu'une unité décimale d'un certain ordre, on conserve sur la gauche de cette fraction, à partir de son premier chiffre significatif, autant de chiffres que l'indique l'ordre de cette unité décimale ; on supprime tous les autres ; et si la fraction proposée est approchée par défaut, on augmente d'une unité le dernier chiffre conservé. Dans le cas contraire il reste invariable.

Ainsi, 23,4578 représentant un nombre A par défaut avec une erreur relative moindre que 0,0001, 23,46 représentera aussi ce même nombre avec une erreur relative moindre que 0,C001.

Nous ferons d'abord remarquer que l'erreur relative est moindre qu'une unité de l'ordre du dernier chiffre ainsi conservé, dans ce cas moindre que 0,01 ; car, puisque 23,4578 représente le nombre A à moins d'un dix millième de A, on peut écrire $23,4578 > \frac{9999}{10000}$ A. (Lisez $\frac{9999}{10000}$ A $\frac{9990}{10000}$ de A), d'où en divisant par 9999 $\frac{23,4578}{9999} > \frac{1}{10000}$ A. Si l'on divise 23,4578 par 9999, le premier chiffre du quotient exprimera des millièmes, de sorte que l'on aura *à fortiori* $0,01 > \frac{1}{10000}$ A (notre raisonnement suppose que tous les chiffres conservés ne sont pas des 9 ; cependant dans ce cas encore l'erreur relative est généralement moindre qu'une unité de l'ordre du dernier chiffre ainsi conservé ; parce que la limite assignée n'est ordinairement qu'une limite éloignée de l'erreur.)

Cela posé, nous pouvons écrire $23,4578 < A < 23,4678$; *à fortiori* $23,45 < A < 23,47$. Or 23,46 différant de chacun des nombres 23,45 et 23,47 d'un centième, différera forcément du nombre A qu'ils comprennent de moins d'un centième ; et comme un centième est plus grand qu'un dix-millième de A, 23,46 différera *à fortiori* de A, de moins d'un dix-millième de A, autrement dit 23,46 représentera A avec une erreur relative moindre qu'un dix-millième.

La règle précédente s'applique sans exception à une fraction décimale approchée par excès. Ainsi, soit 23,4578 une valeur par excès d'un nombre A avec une erreur relative moindre que 0,0001, 23,45 représentera aussi ce même nombre avec une erreur relative moindre que 0,0001.

L'erreur relative dans ce cas est toujours moindre qu'une unité de l'ordre du dernier chiffre conservé. Ainsi un dix-millième de A est plus petit qu'un centième, car 1 dix millième de A est plus petit que $\frac{23,4578}{10000}$; puisque 23,4578 est plus grand que A ; ou un dix-millième de A plus petit que 0,00234578, *à fortiori* plus petit que 0,01 et ce raisonnement est toujours applicable.

Dès lors on peut écrire $23,4478 < A < 23,4578$: *à fortiori* $23,44 < A < 23,46$. Donc 23,45 diffère de A de moins d'un centième, et *à fortiori* de moins d'un dix-millième de A ; autrement dit 23,45 représente le nombre A avec une erreur relative moindre qu'un dix-millième.

APPLICATIONS.

ERREURS ABSOLUES.

352. 1° Nous avons vu au n° (332) que si dans la multiplication de 3,56789 par 7,36894 on multiplie 3,568 par 7,37, l'erreur absolue du produit est moindre que $\frac{0,1}{2}$, *à fortiori* moindre que 0, 1. Le produit de 3,568 par 7,37 est 26,29616. Ce produit étant affectée d'une erreur plus petite que 0,1, et étant approché par excès, sera représenté d'après la règle (350) par 26,2.

2° Nous avons vu au n° (335) que si dans la division de 7,368904 par 4,36875 on divise 7,3689 par 4,369, l'erreur absolue du quotient est plus petite que $\frac{0,001}{2}$, *à fortiori* plus petite que 0,001. D'après la règle (350) on arrêtera la division au chiffre des millièmes ; et comme le quotient est par défaut, on augmentera d'une unité le dernier chiffre conservé. On trouve ainsi 1,689 pour le quotient des nombres proposés à moins d'un millième.

3° Nous avons vu au n° (338) que, pour avoir la racine carrée de 4,5421 avec une erreur absolue plus petite que $\frac{0,01}{2}$, il suffit de prendre la fraction proposée avec une erreur plus petite que 0,01, autrement dit d'extraire la racine carrée de 4,54. Cette racine devant être affectée d'une erreur plus petite que 0,01, et devant être par défaut, on arrêtera l'opération au chiffre des centièmes, et on augmentera d'une unité le dernier chiffre conservé. On trouve ainsi 2,14 pour la racine carrée demandée.

ERREURS RELATIVES.

353. 1° Avec quelle limite d'erreur relative aura-t-on le produit de 3,56721 par 5,40967, si on multiplie 3,567 par 5,409.

Les erreurs relatives des deux facteurs étant plus petites que $\frac{0,001}{2}$ et $\frac{0,001}{2}$ (339), l'erreur relative du produit sera plus petite que $\frac{0,001}{2}+\frac{0,001}{2}$ ou 0,001 (343). Le produit de 3,567 par 5,409 est 18,293903, ce produit étant affecté d'une erreur relative moindre que 0,001, et étant approché par défaut, sera représenté d'après la règle (351) par 18,3.

2° Avec quelle limite d'erreur relative faut-il prendre le diviseur 3,54897, pour que l'erreur relative du quotient de 73 par ce diviseur soit plus petite que 0,001.

L'erreur relative du quotient devant être égale à celle du diviseur (344), on prendra le diviseur avec une erreur relative moindre que 0,001, c'est-à-dire avec quatre chiffres. On divisera donc 73 par 3,548. Le quotient devant être affecté d'une erreur relative moindre que 0,001, et devant être par excès, puisque le diviseur est par défaut, on arrêtera la division au troisième chiffre du quotient. On trouve ainsi 29,5 pour le quotient demandé.

Remarque : Dans la détermination des limites nous avons remplacé des nombres par d'autres plus forts, au moyen d'une unité de l'ordre immédiatement supérieur à celui de leur premier chiffre significatif. Nous avons aussi remplacé des nombres par d'autres plus petits, au moyen d'une unité de l'ordre de leur premier chiffre significatif. C'est en augmentant ou diminuant ainsi les deux termes d'une fraction exprimant une première limite obtenue, que nous sommes passés à une limite plus grande ou plus petite. Nous avons pu être conduits ainsi à prendre une décimale de plus ou de moins qu'il n'eut fallu pour exprimer la limite demandée, Mais dans la pratique, on doit se proposer plutôt de déterminer promptement une limite de l'erreur, que d'en obtenir la limite la plus resserrée.

CHAPITRE IV

OPÉRATIONS ABRÉGÉES.

354. Nous avons appris à obtenir le résultat d'une opération avec une erreur absolue donnée, en supprimant un certain nombre de chiffres à la droite des nombres, qui devaient intervenir dans l'opération. On peut aussi obtenir le résultat d'une opération avec une erreur absolue donnée par des méthodes d'opérer abrégées, que nous allons faire connaître.

L'addition et la soustraction ne sont pas susceptibles de procédés plus abrégés que ceux, que nous avons indiqués.

MULTIPLICATION ABRÉGÉE.

355. Règle d'Oughtred. — Pour obtenir à une unité près d'un certain ordre le produit de deux nombres entiers ou décimaux, on écrit sous le multiplicande le multiplicateur renversé de manière que le chiffre de ses unités simples corresponde au chiffre du multiplicande, qui exprime des unités cent fois plus petites que l'unité de l'approximation demandée. On multiplie ensuite le multiplicande par chaque chiffre du multiplicateur, en négligeant à chaque multiplication la partie du multiplicande placée à la droite du chiffre du multiplicateur. On écrit les produits partiels les uns au dessous des autres de manière que les chiffres de droite se correspondent dans une même colonne verticale. On fait la somme des produits partiels ; on supprime les deux chiffres à droite de cette somme, et on augmente d'une unité le chiffre précédent. On fait exprimer au résultat des unités de l'ordre de l'approximation demandée.

Soit à trouver le produit de 48,78452879 par 37,40396853 à moins de 0,01. On dispose l'opération comme il suit :

```
     48,78452879
 35869304,73
 ──────────────
     14635356
      3414915
       195136
         1461
          432
           24
   ──────────
    1824,7324
```

1824,74 est le produit demandé.

Nous remarquerons d'abord que tous les produits partiels expriment des unités de même ordre que le chiffre du multicande, au dessous duquel est écrit le chiffre des unités simples du multiplicateur, c'est à-dire des dix millièmes.

En effet, le premier chiffre de chaque produit partiel exprime des dix-millièmes. Il en sera évidemment ainsi pour le produit obtenu avec le chiffre des unités simples du multiplicateur; car le premier chiffre du multiplicande, qu'il multiplie, exprime des dix-millièmes. Il en sera de même pour les autres produits partiels ; car si à partir des chiffres précédents on avance d'un rang vers la gauche dans le multiplicande, on avance aussi d'un rang vers la droite dans le multiplicateur, parce qu'il est renversé ; de sorte que l'ordre des unités provenant de la multiplication de ces deux derniers chiffres sera le même, que celui des unités du produit des deux chiffres précédents, c'est ce qu'il est facile de vérifier ; ainsi l'on a $0{,}004 \times 0{,}4 = 0{,}0016$. Ces produits partiels doivent donc être écrits, de manière que les chiffres de droite se correspondent.

L'erreur du produit ainsi obtenue peut s'évaluer de deux manières par les chiffres du multiplicateur, ou ceux du multiplicande. Dans le premier cas l'erreur est plus petite que la somme des chiffres du multiplicateur, qui ont servi à former des produits partiels, plus le suivant à gauche, ce dernier étant augmenté d'une unité s'il y a des chiffres après lui, et le nombre ainsi obtenu étant supposé représenter des unités de même ordre que celles des produits partiels. Ainsi dans notre exemple l'erreur commise sera plus petite que $(3 + 7 + 4 + 3 + 9 + 6 + 9)$ dix millièmes. En effet, le multiplicande n'a pas été multiplié par la partie 358 du multiplicateur ; or le multiplicande est moindre que 1 unité de l'ordre immédiatement supérieur à celui de son dernier chiffre à gauche, la partie 258 du multiplicateur est moindre que 9 unités de l'ordre du chiffre 8 ; et comme le 1 et le 9 se correspondent, l'erreur correspondante est moindre que 9 dix millièmes. De même la partie 878452879 du multiplicande n'a pas été multipliée par le chiffre 6 du multiplicateur; cette partie est moindre que 1 unité de l'ordre du chiffre 4 immédiatement supérieur à gauche ; et comme le 1 et le 6 se correspondent, l'erreur correspondante est moindre que 6 dix millièmes. En continuant ce raisonnement, on trouve que la somme des erreurs partielles est moindre que (9 + 6 + 9 + 3 + 4 + 7 + 3) dix millièmes ou 0,0041, *à fortiori* moindre que 0,01.

Dans le second cas l'erreur commise est plus petite que la somme des chiffres du multiplicande correspondants aux chiffres du multiplicateur qui ont servi à former des produits partiels, moins le premier à gauche des chiffres de cette somme, plus le suivant à droite, ce dernier étant augmenté d'une unité s'il y a des chiffres après lui, et le nombre ainsi obtenu étant supposé représenter des unités de même ordre que celles des produits partiels. Ainsi dans notre exemple l'erreur commise sera plus petite que (8 + 7 + 8 + 4 + 5 + 2 + 9) dix millièmes. En effet, la partie 879 du multiplicande n'a pas été multipliée par le multiplicateur. Or cette partie est moindre que 9 unités de l'ordre du 8, le multiplicateur est moindre que 1 unité de l'ordre immédiatement supérieur à celui du 3 ; et comme le 9 et le 1 se correspondent, l'erreur correspondante est moindre que 9 dix millièmes. De même le chiffre 2 du multiplicande n'a pas été multiplié par la partie 358693047 du multiplicateur ; et comme cette partie est plus petite que 1 unité de l'ordre du 3, l'erreur correspondante sera moindre que 2 dix millièmes. En continuant ce raisonnement, on trouve que la somme des erreurs partielles est moindre que 9 + 2 + 5 + 4 + 8 + 7 + 8) dix millièmes ou 0,0043 *à fortiori* moindre que 0;001.

De ces deux évaluations de l'erreur on prend toujours la moins élevée.

Cela posé, appelons p le produit exact de la multiplication des nombres proposés. On aura évidemment

$$1824{,}7324 < p < 1824{,}7424\,;$$

à fortiori

$$1824{,}73 < p < 1824{,}75.$$

Par conséquent 1824,74 diffère de p de moins de 0,01.

356. Remarque I. — La démonstration suppose que l'une des sommes des chiffres, qui servent à déterminer l'erreur, est plus petite que 100. On peut évidemment effectuer ces sommes avant de commencer l'opération. Si on trouvait alors, que l'une d'elles fut plus grande que 100 ; ce qui arrive très-rarement, on écrirait le chiffre des unités du multiplicateur sous le chiffre du multiplicande, qui représente des unités mille fois plus petites que l'unité de l'approximation demandée ; on supprimerait les trois derniers chiffres à droite de la somme, et on augmenterait d'une unité le chiffre précédent. Si l'une de ces sommes au contraire était inférieure à 10, on pourrait abréger davantage la multiplication. Pour cela on écrirait le chiffre des unités du multiplicateur sous le chiffre du multiplicande, qui exprime des unités dix fois plus grandes que l'unité de l'approximation demandée ; on supprimerait ensuite un chiffre à la droite de la somme, et on augmenterait d'une unité le chiffre précédent.

357. Remarque II. — Il peut arriver, que le multiplicateur renversé dépasse à droite le multiplicande, on écrit alors des zéros à la droite du multiplicande, de telle sorte que chaque chiffre du multiplicateur ait dans le sens de la droite un chiffre correspondant dans le multiplicande ; puis on applique la règle ordinaire.

Dans l'évaluation de l'erreur on néglige alors les chiffres du multiplicateur, correspondant aux zéros, qui terminent le multiplicande, plus le chiffre suivant. On néglige encore dans cette évaluation le dernier chiffre du multiplicateur, quand le chiffre significatif, qui lui correspond, termine le multiplicande. Cela résulte immédiatement du raisonnement, qui nous a servi à déterminer l'erreur.

Ainsi soit à trouver le produit de 6,8947 par 39845 à moins d'une unité. On dispose l'opération comme il suit.

```
   6,8947 00
     548 93
 -----------
 20 6841 00
  6 1052 30
    5515 76
     275 76
      34 45
 -----------
 23 3719,27
```

358. REMARQUE III. — Lorsque l'une des deux sommes, qui servent à déterminer l'erreur, étant plus petite que 100 ; on obtient, en l'ajoutant à la partie négligée du produit, une somme plus petite que 100; on peut se dispenser d'augmenter le dernier chiffre conservé d'une unité. Quand on ne fait pas cette augmentation, on a alors le produit par défaut à moins d'une unité de l'approximation demandée ; quand on la fait, on a le produit par excès avec la même approximation.

Ainsi dans la multiplication précédente 273719 est le produit par défaut à moins d'une unité ; tandis que 273720 est le produit par excès avec la même approximation. Cela résulte de ce que le produit 273719, 27 a été obtenu par défaut, et de ce que l'erreur commise est plus petite que la partie négligée 0,27 du produit, plus la plus petite des deux sommes, qui servent à évaluer l'erreur ; laquelle est dans ce cas (4 + 5) centièmes ; ce qui donne 0,36 moindre qu'une unité.

Lorsque cette dernière somme est plus grande que 100, on augmente toujours le dernier chiffre conservé ; mais on ne peut plus alors déterminer le sens de l'erreur.

DIVISION ABRÉGÉE.

359. Nous apprendrons seulement à trouver le quotient de deux nombres entiers à moins d'une unité simple. La recherche du quotient de deux nombres entiers ou décimaux à moins d'une unité d'un ordre quelconque peut toujours être ramenée à la recherche du quotient de deux nombres entiers à moins d'une unité simple.

En effet, si on veut le quotient de deux nombres entiers à moins d'un millième, on multiplie le dividende par 1000, le quotient devient mille fois trop grand ; en cherchant alors le quotient à moins d'une unité simple, et le divisant par 1000, on a le quotient à moins d'un millième.

Si l'on veut le quotient de deux fractions décimales, ou d'une fraction décimale par un nombre entier, ou d'un nombre entier par une fraction décimale à moins d'un millième ; on multiplie encore par 1000 le dividende, et on rend égaux les nombres des décimales du dividende et du diviseur, en écrivant des zéros à la droite de celui, qui en contient le moins. On fait abstraction des virgules et on cherche le quotient à moins d'une unité. Ce quotient est 1000 fois trop grand ; en le divisant par 1000, on a le quotient à moins d'un millième.

360. Pour obtenir le quotient de deux nombres entiers à moins d'une unité simple, on détermine d'abord le nombre des chiffres du quotient. On prend ensuite sur la gauche du diviseur un nombre, qui surpasse la somme d'autant de chiffres suivants, qu'il doit y avoir de chiffres au quotient. Ce nombre est le dernier diviseur ; en lui ajoutant autant de chiffres moins un, qu'il doit y avoir de chiffres au quotient, on a le premier diviseur. On prend sur la gauche du dividende autant de chiffres, qu'il en faut pour contenir au moins une fois et moins de dix fois le premier diviseur. On divise cette partie du dividende par le premier diviseur ; puis on divise le reste par le premier diviseur moins son dernier chiffre à droite ; puis le nouveau reste par le second diviseur moins son dernier chiffre à droite, et ainsi de suite ; jusqu'à ce que l'on ait divisé par le dernier diviseur.

Soit à trouver le quotient de 7854326000 par 2456469 à moins d'une unité.

Le quotient doit avoir quatre chiffres. Le premier nombre qui, à gauche du diviseur surpasse la somme des quatre chiffres suivants, est 24. 24 est le dernier diviseur ; en lui ajoutant les trois chiffres suivants, on a 24564 pour le premier diviseur. Le premier dividende est donc 78543.

Alors on dispose ainsi l'opération.

```
78543,26000 | 24,5,6,4,69
 4851       |------------
 2395       | 3197
  190       |
   22
```

3197 est le quotient de la division à moins d'une unité.

En effet nous remarquerons d'abord, que le produit du diviseur par le quotient a été effectué par la méthode abrégée ; comme si le quotient se fut trouvé renversé sous le multiplicande de la manière suivante :

$$\begin{array}{r} 2456469 \\ 7913 \end{array}$$

Tous les produits partiels représentent donc des unités de l'ordre du 4, qui correspond au chiffre 7 des unités du quotient c'est-à-dire des centaines de mille. Le premier dividende partiel exprime aussi des centaines de mille. On a donc dû écrire les restes successifs, de manière que le dernier chiffre de droite de chacun d'eux se trouve dans la colonne verticale correspondante au dernier chiffre 5 du premier dividende partiel.

L'erreur de ce produit est d'après les chiffres du multiplicateur moindre que $(3 + 1 + 9 + 7)$ centaines de mille ou 2000000, et d'après les chiffres du multiplicande moindre que $(5+6+4+7)$ centaines de mille ou 2200000, finalement l'erreur est plus petite que 2000000. Le reste de la division est 2226000 moindre que le diviseur 2456469.

Cela posé, désignons par p le produit de la multiplication abrégée, par P ce produit exact, par D le dividende, par d le diviseur.

p est plus petit que D, puisque $D - p = 2226000$; d'un autre côté $p + d$ est plus grand que D, puisque d est plus grand que 2226000. On peut donc poser

$$p < D < p + d.$$

On a aussi

$$p < P < p + d,$$

puisque d est plus grand que l'erreur de p, que nous avons trouvé moindre que 2000000. P et D étant compris entre mêmes limites diffèrent entre eux d'un nombre moindre que la différence des limites ou d. Le dividende et le produit du diviseur par le quotient différant entre eux d'un nombre moindre que le diviseur, il s'ensuit, que le quotient est exact à moins d'une unité.

361. Remarque I — Lorsque la plus petite des deux sommes, qui servent à déterminer l'erreur du produit de la multiplication abrégée du diviseur par le quotient, est moindre que le reste de la division abrégée; le quotient est obtenu par défaut; puisque alors le produit exact du diviseur par le quotient pourrait encore se retrancher du dividende.

Ainsi dans la division précédente la somme 20, qui limite l'erreur du produit du diviseur par le quotient, étant moindre que le reste 22 de la division abrégée, le quotient est obtenu par défaut.

Lorsque au contraire cette somme est plus grande que le reste de la division, on ne peut pas préciser le sens de l'erreur du quotient.

362. Remarque II. Il peut arriver qu'un dividende partiel contienne dix fois le diviseur; alors on augmente d'une unité le dernier chiffre écrit au quotient, et l'on ajoute autant de zéros, qu'il reste de chiffres à trouver; ou bien on ne change pas le dernier chiffre écrit au quotient, et l'on ajoute autant de 9, qu'il reste de chiffres à trouver. Dans les deux cas on a toujours le quotient à moins d'une unité simple. En voici un exemple

395523,21467	45,4,6,3,27
31819	8699
4543	
457	
52	

Nous ferons observer d'abord, qu'en ne mettant que des 9 au quotient à partir du dividende partiel, qui contient dix fois le diviseur, comme nous l'avons fait dans notre exemple; on doit arriver à un reste plus grand que le dernier diviseur; car chaque dividende partiel contiendra dès lors évidemment dix fois le diviseur. La plus faible limite de l'erreur du produit du diviseur par le quotient sera donné alors généralement par les chiffres du dividende, vu que le diviseur contient un certain nombre de 9. Mais le dernier diviseur a été pris plus grand que la somme des chiffres du dividende, qui déterminent une limite de l'erreur du produit du diviseur par le quotient; donc le reste de la division sera alors plus grand que la plus faible limite de l'erreur du produit du diviseur par le quotient, et par conséquent le quotient sera obtenu par défaut (361). Ainsi dans notre exemple 8699 est un quotient par défaut. D'ailleurs 8700 est un quotient par excès; puisqu'on ne peut pas retrancher du dividende le produit de la multiplication abrégée du diviseur par 8700. Le quotient exact est donc compris entre 8699 et 8700. L'un ou l'autre de ces deux nombres est donc le quotient exact à moins d'une unité.

EXTRACTION ABRÉGÉE DE LA RACINE CARRÉE.

Nous avons vu que l'extraction de la racine carrée d'un nombre quelconque à moins d'une fraction quelconque revient toujours à l'extraction de la racine carrée d'un nombre entier à moins d'une unité.

Nous apprendrons donc seulement à trouver par la méthode abrégée la racine carrée d'un nombre entier à moins d'une unité.

363. Lorsqu'on a obtenu plus de la moitié des chiffres de la racine carrée à moins d'une unité d'un nombre entier, ou seulement la moitié quand le premier chiffre de la racine est égal ou supérieur à 5, on peut obtenir les autres chiffres, en divisant le reste de l'opération par le double de la partie obtenue à la racine.

En effet soit n un nombre entier, a la partie déjà obtenue de sa racine, x la partie qui reste à obtenir.

On a évidemment

$$(a + x)^2 = n\,;$$

d'où

$$a^2 + 2 \times a \times x + x^2 = n.$$

En retranchant des deux membres $a^2 + x^2$, il vient

$$2 \times a \times x = n - a^2 - x^2.$$

$n - a^2$ représente le reste de l'opération, quand on a obtenu la partie a de la racine. Désignons ce reste par R, on aura

$$2 \times a \times x = \mathrm{R} - x^2\,;$$

d'où en divisant par $2 \times a$

$$x = \frac{\mathrm{R}}{2 \times a} - \frac{x^2}{2 \times a}.$$

Supposons maintenant que a renferme plus de chiffres que la partie entière de x, ou seulement autant, si son premier chiffre est égal ou supérieur à 5 ; la fraction $\frac{x^2}{2 \times a}$ sera plus petite que

1 ; car soit n' le nombre des chiffres de la partie entière de x ; on aura évidemment $x < 10^{n'}$ d'où $x^2 < 10^{2n'}$. Mais a par hypothèse renferme au moins $2 \times n' + 1$ chiffres, quand le premier de ses chiffres est inférieur à 5, et il en renferme au moins $2 \times n'$ quand le premier de ses chiffres est égal ou supérieur à 5 ; d'où il résulte que dans chacun de ces cas $2 \times a$ contiendra au moins $2 \times n' + 1$ chiffres, et que l'on aura par conséquent $2 \times a > 10^{2n'}$. La fraction $\frac{x^2}{2 \times a}$ est donc plus petite que 1.

On voit alors qu'en négligeant la fraction $\frac{x^2}{2 \times a}$, la fraction restante $\frac{R'}{2 \times a}$ donnera la valeur de x à moins d'une unité, et une valeur par excès ; puisque la vraie valeur de x est égale à $\frac{R}{2 \times a} - \frac{x^2}{2 \times a}$. Le quotient complet de R par $2 \times a$ donnant une valeur de x par excès à moins d'une unité, il en résulte que la partie entière de ce quotient donnera une valeur de x par excès ou par défaut à moins d'une unité. Ainsi en prenant la partie entière du quotient du reste de l'opération par le double de la partie obtenue, comme nous l'avons dit à la racine, on aura les autres chiffres de la partie entière de la racine.

364. Remarque. — La racine obtenue par la méthode abrégée est par défaut ou par excès, suivant que le reste de l'opération, quand on a calculé la racine à moins d'une unité, est plus grand ou plus petit que le carré de la partie obtenue par division.

En effet, désignons par r le reste de l'opération quand on a calculé la racine à moins d'une unité, par b la partie entière de la racine obtenue par division ; on aura $\frac{R}{2 \times a} = b + \frac{r}{2 \times a}$ ou $\frac{n - a^2}{2 \times a} = b + \frac{r}{2 \times a}$. En multipliant par $2 \times a$, il vient $n - a^2 = 2 \times a \times b + r$, et en ajoutant a^2, $n = a^2 + 2 \times a \times b + r$.

Supposons $r > b^2$, et posons $r = b^2 + r'$; en substituant cette valeur de r dans l'égalité précédente, on a $n = a^2 + 2 \times a \times b + b^2 + r'$, ou $n = (a + b)^2 + r'$. Le carré de la racine étant plus petit que n, la racine est par défaut. Supposons maintenant $r < b^2$, et posons $r = b^2 - r'$. Par substitution on a $n =$

$a^2 + 2 \times a \times b + b^2 - r'$, ou $n = (a+b)^2 - r'$. Le carré de la racine étant plus grand que n, la racine est par excès. Ainsi la racine est par défaut ou par excès, suivant que r est plus grand ou plus petit que b^2.

365. Proposons-nous par exemple d'extraire la racine carrée de 7368589673 à moins d'une unité.

7368589673	85840
968	165
14358	1708
69496	1716
85673	

On a calculé les trois premiers chiffres de la racine d'après la règle ordinaire. Le reste de l'opération est alors 6949673. On a divisé ce reste par le double 171600 de la partie obtenue à la racine. Plus simplement on a divisé 69496 par 1716, et on a écrit la partie entière 40 du quotient de cette division à la droite de la partie déjà trouvée à la racine. On a ainsi 85840 pour la racine demandée.

Le reste de l'opération est 85673. Le carré de la partie 40 de la racine obtenue par division, est 1600. Ce carré étant moindre que le reste, la racine 85840 est par défaut.

366. Remarque. — Si de 85673 on retranche le carré de 40 ou 1600, le reste 84073 est le reste de l'extraction de la racine carrée de 7368589673 à moins d'une unité. Car, en considérant cette racine comme formée de deux parties 858 et 40, on voit que l'on a alors retranché du nombre proposé le carré de la première partie, le produit du double de la première par la seconde, et le carré de la seconde.

367. Voici un nouvel exemple où la racine carrée est obtenue par excès.

26848976	5182
184	101
838,9	102
22 9	
2 576	

Le carré de 82 surpassant le dernier reste 2576 la racine est par excès.

368. Remarque. Il est évident que pour changer une racine à moins d'une unité par excès en une racine à moins d'une unité par défaut, il suffit de diminuer son dernier chiffre d'une unité. Ainsi 5181 sera la racine par défaut dans cet exemple. Au lieu de 2576 on obtiendrait alors 12776 pour reste. Pour avoir le reste de l'extraction de la racine carrée à moins d'une unité du nombre proposé, il faudrait de 12776 retrancher le carré de 81, ce qui donnerait 6215.

369. Quand on à extraire une racine carrée de beaucoup de chiffres ; on calcule d'abord par la méthode ordinaire les trois ou les deux premiers chiffres, suivant que la racine commence par un 5 ou un chiffre inférieur; puis les deux suivants par une première division. La racine ainsi obtenue doit être par défaut. On cherche le reste de l'extraction de cette racine d'après les remarques (366) (368). On cherche ensuite les quatre chiffres suivants d'après le numéro (363) par une nouvelle division. Les racines obtenues après chaque division doivent toujours être par défaut, excepté la dernière, qui étant celle du nombre proposé peut être par défaut ou par excès.

Proposons-nous par exemple d'extraire la racine carrée de 3 avec 8 décimales.

1re division.

3,00,00,00,00	17320
2 00	27
11 00	343
71 00	346
1 80 00	
4 00	
1 76 00	

2me division.

176000000	34640
280000	5080
28800	

Cette racine est 1,73205080. On a omis quatre zéros sur la droite du dividende et du diviseur dans la deuxième division.

EXTRACTION ABRÉGÉE DE LA RACINE CUBIQUE.

La racine cubique s'obtient d'une manière abrégée comme la racine carrée. Ainsi :

370. Lorsqu'on a obtenu plus de la moitié des chiffres de la racine cubique d'un nombre entier à moins d'une unité, on peut obtenir les autres chiffres en divisant le reste de l'opération par le triple carré de la partie obtenue à la racine.

En effet, en donnant aux lettres la même signification qu'au numéro (363), on a

$$(a+x)^3 = n\,;$$

d'où

$$a^3 + 3 \times a^2 \times x + 3 \times a \times x^2 + x^3 = n,$$
$$3 \times a^2 \times x = n - a^3 - 3 \times a \times x^2 - x^3,$$
$$3 \times a^2 \times x = \mathrm{R} - 3 \times a \times x^2 - x^3,$$
$$x = \frac{\mathrm{R}}{3 \times a^2} - \frac{x^2}{a} - \frac{x^3}{3 \times a^2}.$$

On a de même $x^2 < 10^{2n'}$, et comme par hypothèse a renferme au moins $2 \times n' + 1$ chiffres, x^2 est plus petit que a; par conséquent $\frac{x^2}{a} < 1$; $\frac{x^3}{3 \times a^2}$ est suffisamment petit pour pouvoir être négligé. Ainsi la partie entière du quotient de R par $3 \times a^2$ donnera la valeur de x par excès ou par défaut à moins d'une unité.

371. Remarque. La racine obtenue par la méthode abrégée est par défaut ou par excès, suivant que le reste de l'opération, quand on a calculé la racine à moins d'une unité, est plus grand ou plus petit que le triple produit de la partie obtenue par la méthode ordinaire par le carré de la partie obtenue par division, plus le cube de cette dernière partie. En effet de $\frac{\mathrm{R}}{3 \times a^2} = b + \frac{r}{2 \times a^2}$ on tire successivement $\frac{n - a^3}{3 \times a^2} = b + \frac{r}{3 \times a^2}$, $n - a^3 = 3 \times a^2 \times b + r$, $n = a^3 + 3 \times a^2 \times b + r$. Supposons $r > 3 \times a \times b^2$, et posons $r = 3 \times a \times b^2 + r'$. En substituant on a $n = a^3 + 3 \times a^2 \times b + 3 \times a \times b^2 + r'$. $n = (a+b)^3 + r'$, qui indique que la racine $a + b$ est par défaut. Supposons $r < 3 \times a \times b^2$, et posons $r = 3 \times a \times b^2 - r'$. En substituant on trouve $n = (a+b)^3 - r'$, qui indique que la racine $a + b$ est par excès.

372. Proposons-nous par exemple, d'extraire la racine cubique de 37856043 758521 à moins d'une unité.

37856043768521	33577	
10856	$3 \times 3^2 = 27$	$3 \times 33^2 = 3267$
8937	$3 \times 3^2 \times 3 = 8100$	$3 \times 33^2 \times 5 = 1633500$
1919043	$3 \times 3 \times 3^2 = 810$	$3 \times 33 \times 5^2 = 24750$
1658375	$3^3 = 27$	$5^3 = 125$
26066876	8937	1658375
2499626	336675	
1429018521	77	

Dans la division on a négligé quatre zéros à la droite du diviseur et quatre chiffres à la droite du dividende.

Le reste de l'opération est 1429018521. Si on évalue $3 \times 335 \times 77^2 + 77^3$, on trouve 596321033. Ce nombre étant moindre que le reste, la racine 33577 est par défaut.

Si on retranchait 596321033 de 1429018521, on aurait, d'après une remarque analogue à celle du n° (366), le reste de l'extraction de la racine cubique du nombre proposé à moins d'une unité.

On pourrait encore extraire une racine cubique de beaucoup de chiffres d'après une marche analogue à celle du n° 369. Mais ces racines s'obtiennent plus simplement par la méthode des logarithmes. Nous n'exposerons pas cette méthode dans cet ouvrage ; parce qu'on ne peut la traiter d'une manière satisfaisante sans le secours de l'algèbre.

DEUXIÈME PARTIE

APPLICATIONS IMMÉDIATES

LIVRE IV

RAPPORTS ET MESURES DES QUANTITÉS

CHAPITRE PREMIER

RAPPORTS DES QUANTITÉS.

373. On appelle rapport de deux quantités de même espèce le nombre qui représente la première de ces quantités, quand on prend la seconde pour unité.

374. Le rapport de deux quantités de même espèce est égal au quotient des nombres qui les représentent, quand on les mesure avec la même unité.

Cela résulte de ce qu'un nombre concret peut être assimilé, comme nous l'avons déjà dit, à la quantité qu'il représente. Nous pouvons démontrer encore cette proposition de la manière suivante :

Soit A et B deux quantités de même espèce ; a et b les nombres, qui les représentent, quand on les mesure avec la même unité. Nous avons vu que quels que soient deux nombres, le quotient ne change pas, quand on les divise par un même nombre (325) (259). De sorte qu'en divisant par b les deux termes de la division de a par b, on aura $\frac{a}{b} = \frac{\left(\frac{a}{b}\right)}{1}$. Cette égalité indique, que lorsqu'on représente par 1 la seconde quantité, la première est représentée par $\frac{a}{b}$; c'est à-dire que le nombre, qui représente la première quantité, quand on prend la seconde pour unité, est le même que le quotient des nombres qui représentent ces quantités, quand on les mesure avec la même unité.

375. Il résulte de là, que l'on donne aussi le nom de rapport au quotient de la division de deux nombres. Ainsi 3 est le rapport de 15 à 5. $\frac{6}{7}$ le rapport de 6 à 7 (179). Quand on désigne ainsi le quotient, le dividende s'appelle antécédent, le diviseur conséquent. Ainsi dans les deux exemples précédents 15 et 6 sont les antécédents, 5 et 7 les conséquents. L'antécédent et le conséquent sont dits les termes du rapport.

376. Deux rapports sont dits inverses l'un de l'autre, lorsque l'antécédent de l'un est le conséquent de l'autre et réciproquement. Ainsi $\frac{3}{4}$ et $\frac{4}{3}$ sont deux rapports inverses l'un de l'autre.

Il est évident, que le produit de deux rapports inverses est égal à 1 et réciproquement.

377. Une fraction pouvant être considérée comme un rapport (375), il en résulte, que toutes les propriétés des fractions sont aussi applicables aux rapports.

378. On appelle proportion l'expression de l'égalité de deux rapports. Ainsi $\frac{5}{7} = \frac{15}{21}$ est une proportion, que l'on énonce ordinairement : 5 sur 7 égale 15 sur 21, plus rarement 5 est à 7 comme 15 est à 21.

Pour écrire une proportion, on prend arbitrairement les deux termes du premier rapport ; on les multiplie par un même nombre, et l'on obtient le second rapport (188).

Autrefois on écrivait une proportion sous la forme 5 : 7 : : 15 : 21.

5, 7, 15, 21 sont appelés suivant cet ordre le premier, le second, le troisième, le quatrième terme de la proportion.

Le quatrième terme d'une proportion s'appelle aussi une quatrième proportionnelle aux trois autres. Ainsi 21 est une quatrième proportionnelle à 5, 7 et 15.

Le premier et le dernier terme s'appellent les extrêmes, le second et le troisième les moyens. Ainsi 5 et 21 sont les extrêmes, 7 et 15 les moyens.

379. Théorème. — Dans toute proportion le produit des extrêmes est égal au produit des moyens.

Soit la proportion $\frac{3}{7} = \frac{12}{28}$.

Multiplions les deux termes du premier rapport par 28, les deux termes du second par 7 ; ces rapports ne changeront pas de valeur (188), et l'on aura

$$\frac{3 \times 28}{7 \times 28} = \frac{12 \times 7}{28 \times 7}.$$

Ces deux rapports ayant leurs conséquents égaux, auront aussi leurs antécédents égaux, et l'on aura $3 \times 28 = 12 \times 7$ (181).

380. Corollaire I. — Un terme extrême d'une proportion est égal au produit des moyens divisé par l'autre extrême, et un terme moyen est égal au produit des extrêmes divisé par l'autre moyen, car de l'égalité $3 \times 28 = 12 \times 7$ on déduit pour la valeur d'un extrême, 28 par exemple, en divisant par 3, $28 = \frac{12 \times 7}{3}$; et pour la valeur d'un moyen, 12 par exemple, en divisant par 7, $12 = \frac{3 \times 28}{7}$.

381. Remarque. — On appelle proportion continue une proportion dont les termes moyens sont égaux. Ce terme moyen commun s'appelle alors moyenne proportionnelle entre les deux autres, et le quatrième terme prend alors le nom de troisième proportionnelle aux deux autres. Ainsi $\frac{3}{9} = \frac{9}{27}$ est une proportion continue ; 9 est une moyenne proportionnelle entre 3 et 27, et 27 une troisième proportionnelle à 3 et 9.

Pour écrire une proportion continue on prend arbitrairement le premier terme, on le multiplie par lui-même, et on a le second. On multiplie encore les deux termes du rapport ainsi obtenu par le premier terme, et on a le second rapport.

382. Corollaire II. — Une moyenne proportionnelle entre deux nombres est égale à la racine carrée du produit de ces nombres; car de la proportion $\frac{3}{9} = \frac{9}{27}$ on tire $9^2 = 3 \times 27$ (379). En prenant la racine carrée, $9 = \sqrt{3 \times 27}$.

383. Théorème. — Réciproquement si le produit de deux facteurs est égal au produit de deux autres facteurs, ces quatre facteurs forment une proportion dont les extrêmes sont les facteurs d'un produit, et les moyens les facteurs de l'autre produit.

Soit $3 \times 28 = 12 \times 7$, je dis qu'on aura la proportion $\frac{3}{7} = \frac{12}{28}$.

En effet, divisons l'égalité donnée $3 \times 28 = 12 \times 7$ par le produit des conséquents de la proportion qu'il s'agit d'obtenir, ou 7×28; on a $\frac{3 \times 28}{7 \times 28} = \frac{12 \times 7}{7 \times 28}$. Divisons maintenant les deux termes du premier rapport par 28 et les deux termes du second par 7; il vient $\frac{3}{7} = \frac{12}{28}$.

384. Corollaire I. — Pour qu'une proportion soit exacte, il faut et il suffit que le produit des extrêmes soit égal au produit des moyens. Cette condition est nécessaire d'après (379), et elle suffit d'après (383).

385. Corollaire II. — On n'altère pas une proportion quand on change les moyens de place ou les extrêmes de place; ou quand on met les moyens à la place des extrêmes, et les extrêmes à la place des moyens; ou quand on multiplie ou divise un extrême et un moyen par un même nombre. Car dans tous ces cas les produits des extrêmes et des moyens sont toujours égaux.

Ainsi considérons la proportion $\frac{3}{7} = \frac{12}{28}$.

En changeant les moyens de place, on a $\frac{3}{12} = \frac{7}{28}$.

En changeant les extrêmes de place, $\frac{28}{7} = \frac{12}{3}$.

En mettant les extrêmes à la place des moyens et réciproquement $\frac{7}{3}=\frac{28}{12}$.

En multipliant par 2 l'extrême 3 et le moyen 12, $\frac{6}{7}=\frac{24}{28}$.

386. Théorème. — Dans toute proportion la somme des deux premiers termes est au second, comme la somme des deux derniers est au quatrième.

Soit la proportion $\frac{3}{7}=\frac{12}{28}$.

Augmentons les deux membres de cette égalité de 1, on aura

$$\frac{3}{7}+1=\frac{12}{28}+1.$$

En réduisant en fraction les nombres fractionnaires représentés par les deux membres de cette dernière égalité, on aura (205)

$$\frac{3+7}{7}=\frac{12+28}{28}.$$

387. Théorème. — Dans toute proportion la somme des deux premiers termes est au premier, comme la somme des deux derniers est au troisième.

Soit la proportion $\frac{3}{7}=\frac{12}{28}$.

Mettons les extrêmes à la place des moyens, on aura $\frac{7}{3}=\frac{28}{12}$, et en appliquant à cette proportion le théorème précédent, on a $\frac{7+3}{3}=\frac{28+12}{12}$.

388. On démontre semblablement que la différence des deux premiers termes est au second ou au premier, comme la différence des deux derniers est au quatrième ou au troisième.

Ainsi, si l'on a la proportion $\frac{3}{7}=\frac{12}{28}$, on a aussi les proportions $\frac{7-3}{3}=\frac{28-12}{12}$ et $\frac{7-3}{7}=\frac{28-12}{28}$.

Pour obtenir la première de ces deux proportions on commence par mettre les extrêmes à la place des moyens, puis on retranche 1 des deux membres, ce qui donne $\frac{7}{3} - 1 = \frac{28}{12} - 1$, et en effectuant la soustraction, on a la proportion demandée (212).

Pour obtenir la seconde on commence par retrancher la proportion donnée de l'égalité $1 = 1$, ce qui donne d'abord $1 - \frac{3}{7} = 1 - \frac{12}{38}$, et en effectuant la soustraction on a la proportion demandée

389. Corollaire. I. Dans toute proportion la somme ou la différence des deux premiers termes est à la somme ou à la différence des deux derniers, comme le second est au quatrième ou le premier au troisième. Pour obtenir ces résultats on change les moyens de place dans les proportions déjà obtenues $\frac{3+7}{7} = \frac{12+28}{28}$ et $\frac{7-3}{3} = \frac{28-12}{12}$; ce qui donne $\frac{3+7}{12+28} = \frac{7}{28}$ et $\frac{7-3}{28-12} = \frac{3}{12}$, où l'on peut remplacer les rapports $\frac{7}{28}$ et $\frac{3}{12}$ l'un par l'autre ; car en changeant les moyens de place dans $\frac{3}{7} = \frac{12}{28}$, on trouve $\frac{3}{12} = \frac{7}{28}$.

390. Corollaire II. — Dans toute proportion la somme des deux premiers termes est à leur différence, comme la somme des deux derniers est à leur différence. Car les rapports $\frac{7}{28}$ et $\frac{3}{12}$ étant égaux, les proportions déjà obtenues $\frac{3+7}{12+28} = \frac{7}{28}$ et $\frac{7-3}{18-12} = \frac{3}{12}$ donnent $\frac{3+7}{12+28} = \frac{7-3}{28-12}$, et en changeant les moyens de place $\frac{3+7}{7-3} = \frac{12+28}{28-12}$.

391. Remarque. — Au lieu de dire la somme ou la différence des deux premiers termes et des deux derniers dans les propositions précédentes, on pourrait dire aussi la somme ou la différence des antécédents et des conséquents ; car si on change les moyens de place dans $\frac{3}{7} = \frac{12}{28}$, on voit que les antécédents deviennent les deux premiers termes, et les conséquents les deux derniers. On voit aussi que le second terme devient le second antécédent, et le troisième terme le premier conséquent ; de sorte que l'on peut dire aussi : dans toute proportion

1° La somme ou la différence des antécédents est au second ou au premier antécédent, comme la somme ou la différence des conséquents est au second ou au premier conséquent.

2° La somme ou la différence des antécédents est à la somme ou à la différence des conséquents, comme un antécédent est à son conséquent.

3° La somme des antécédents est à leur différence, comme la somme des conséquents est à leur différence.

392. Théorème. — Lorsqu'on multiplie plusieurs proportions terme à terme, les produits forment une nouvelle proportion.

Soit les proportions

$$\frac{2}{3}=\frac{6}{9},$$
$$\frac{4}{5}=\frac{8}{10},$$
$$\frac{7}{2}=\frac{28}{8}.$$

Multiplions ces trois égalités membre à membre, les produits seront encore égaux et formeront la proportion.

$$\frac{2\times4\times7}{3\times5\times2}=\frac{6\times8\times28}{9\times10\times8}.$$

393. Corollaire I. — On peut élever à une même puissance tous les termes d'une proportion, sans qu'il cesse d'y avoir proportion.

Ainsi de la proportion $\frac{3}{7}=\frac{12}{28}$ on tire $\frac{3^4}{7^4}=\frac{12^4}{28^4}$; car cette dernière relation est le produit de quatre proportions égales à la proportion considérée.

394. Corollaire II. — On peut extraire une racine de même dégré de tous les termes d'une proportion, sans qu'il cesse d'y avoir proportion.

Ainsi de la proportion $\frac{3}{7}=\frac{12}{28}$ on tire $\frac{\sqrt[4]{3}}{\sqrt[4]{7}}=\frac{\sqrt[4]{12}}{\sqrt[4]{28}}$; élève à la quatrième puissance tous les termes de cette dernière relation, on reproduit la proportion considérée.

395. Théorème. — Dans une suite de rapports égaux la somme des antécédents et celle des conséquents forment un rapport égal à l'un d'eux.

Soit la suite des rapports égaux $\frac{2}{3}=\frac{4}{6}=\frac{8}{12}=\frac{16}{24}$.

Appelons q la valeur commune de ces rapports, on aura $2 = 3\times q$, $4 = 6 \times q$, $8 = 12 \times q$, $16 = 24 \times q$.

En ajoutant ces égalités membre a membre, il vient

$$2 + 4 + 8 + 16 = (3 + 6 + 12 + 24)\, q.$$

en divisant par $3 + 6 + 12 + 24$, on a

$$\frac{2 + 4 + 8 + 16}{3 + 6 + 12 + 24} = q$$

ou bien

$$\frac{2 + 4 + 8 + 16}{3 + 6 + 12 + 24} = \frac{2}{3} = \frac{4}{6} =$$

396. Théorème. — Dans une suite de rapports inégaux la somme des antécédents et celle des conséquents forment un rapport compris entre le plus petit et le plus grand.

Soit la suite des rapports inégaux $\frac{3}{5}<\frac{6}{8}<\frac{9}{11}<\frac{12}{15}$.

Désignons pa q la valeur du premier rapport, on aura $3 = 5 \times q$. Puisque les rapports suivants ont une valeur plus grande, on pourra écrire $6 < 8 \times q$, $9 < 11 \times q$, $12 < 15 \times q$. En additionnant ces inégalités et l'égalité qui les précède membre à membre, il vient $3 + 6 + 9 + 12 < (5 + 8 + 11 + 15)q$; d'où $\frac{3 + 6 + 9 + 12}{5 + 8 + 11 + 15} < q$, ou $\frac{3 + 6 + 9 + 12}{5 + 8 + 11 + 15} < \frac{3}{5}$

Désignons maintenant par q' la valeur du dernier rapport de la suite considérée, on aura $12 = 15 \times q'$. Puisque les rapports précédents ont une valeur plus petite, on pourra écrire $9 < 11 \times q'$, $6 < 8 \times q'$, $3 < 5 \times q'$. En additionnant ces inégalités et l égalité qui les précède membre à membre, il vient $3 + 6 + 9 + 12 < (5 + 8 + 11 + 15)q'$; d'où $\frac{3 + 6 + 9 + 12}{5 + 8 + 11 + 15} < q'$, ou $\frac{3 + 6 + 9 + 12}{5 + 8 + 11 + 15} < \frac{12}{15}$. En réunissant ce résultat avec le précédent, on a $\frac{3}{5} < \frac{3 + 6 + 9 + 12}{5 + 8 + 11 + 15} < \frac{12}{15}$.

CHAPITRE II.

ANCIENNES MESURES DE FRANCE.

397. Mesures des longueurs.

Les mesures des longueurs étaient : la toise, le pied, le pouce, la ligne, le point, la perche, le mille, la lieue.

La toise vaut 6 pieds, le pied 12 pouces, le pouce 12 lignes, la ligne 12 points, la perche 18 pieds pour les dimensions des champs, et 22 pieds pour celles des eaux et forêts, le mille 1000 toises, et la lieue 2000 toises pour une lieue de poste, 2280 toises pour une lieue de terre, 2850 toises pour une lieue de mer.

La toise était l'unité principale et servait pour les longueurs ordinaires, comme la longueur d'un mur, d'une allée. La perche servait pour l'arpentage ; le mille la lieue pour les chemins.

398. Mesures des surfaces.

Les mesures des surfaces étaient : la toise, le pied, le pouce, la perche carrés et l'arpent. La toise, le pied, le pouce carrés sont des carrés ayant une toise, un pied, un pouce de côté. La perche carrée est un carré ayant 18 pieds de côté pour la mesure des champs, et 22 pieds pour la mesure des eaux et forêts. L'arpent vaut 100 perches.

La toise carrée servait pour les surfaces ordinaires comme la surface d'un jardin, d'un appartement ; la perche et l'arpent servaient pour l'arpentage.

399. Mesures des volumes.

Les mesures des volumes étaient : la toise, le pied, le pouce cubes ; la voie, la corde, la solive. La toise, le pied, le pouce cubes, sont des cubes ayant une toise, un pied, un pouce de côté (un cube est un volume terminé par six faces carrées comme un dé à jouer). La voie vaut 56 pieds cubes ; la corde vaut 2 voies ; la solive vaut trois pieds cubes.

La toise cube servait pour les ouvrages de terrassement, de maçonnerie ; la voie et la corde pour les bois de chauffage ; la solive pour les bois de construction.

400. Mesures des capacités.

Les mesures des capacités étaient de deux espèces ; les unes servaient pour les liquides, les autres pour les graines.

Les mesures des liquides étaient la pinte, le setier, le quartaut, la feuillette, le muid. La pinte vaut 48 pouces cubes, le setier 8 pintes, le quartaut 9 setiers, la feuillette 2 quartauts, le muid 2 feuillettes.

Les mesures des graines étaient : le litron, le boisseau, le setier. Le litron vaut 36 pouces cubes, le boisseau 16 litrons, le setier 12 boisseaux.

401. Mesures des poids.

Les mesures des poids étaient : la livre poids, le marc, l'once, le gros, le grain, le quintal. La livre poids vaut 2 marcs, le marc 8 onces, l'once 8 gros, le gros 72 grains, le quintal 100 livres.

402. Mesures des monnaies.

Les mesures des monnaies étaient : la livre tournois, le sou, le liard, le denier. La livre tournois vaut 20 sous, le sou 4 liards, le liard 3 deniers.

403. Nombres complexes.

On appelle nombres complexes des nombres formés de plusieurs autres nombres de même espèce, mais rapportés à des unités différentes. Ainsi $25^{t}\ 4^{pi}\ 7^{po}\ 6^{l}$, qui signifie 25 toises 4 pieds 7 pouces 6 lignes, est un nombre complexe.

Nous allons d'abord résoudre deux questions sur lesquelles reposent les opérations des nombres complexes.

1° Étant donné un nombre complexe, le convertir en un nombre fractionnaire d'une de ses unités.

Soit à convertir $13^{t}\ 5^{pi}\ 7^{po}\ 7^{l}$ en un nombre fractionnaire de toises. 1^{t} vaut 6^{pi}, 13^{t} valent par conséquent 13×6 ou 78^{pi}; en y ajoutant les 5^{pi} du nombre complexe, on a 83^{pi}. 1^{pi} vaut 12^{po}, 83^{pi} valent donc 83×12 ou 996^{po} ; en y ajoutant les 7 pouces du nombre on a 1003^{po}. 1^{po} vaut 12^{l}, 1003^{po} valent donc 1003×12 ou 12036^{l} ; en y ajoutant les 7^{l} du nombre on a 12043^{l}. Telle est la valeur en lignes du nombre complexe proposé. D'un autre côté 1^t vaut $6 \times 12 \times 12$ ou 864^l, ou bien 1^l vaut $\frac{1}{864}$ de toise ; par conséquent 12043^l vaudront $\frac{12043}{864}$ de toises. Tel est le nombre fractionnaire de toises égal au nombre complexe proposé.

La marche suivie indique la règle à suivre dans tous les cas semblables.

405. 2° Étant donné un nombre fractionnaire d'une unité quelconque, le convertir en nombre complexe.

Soit le nombre fractionnaire $\frac{536}{29}$ de toise à convertir en nombre complexe.

En divisant 536 par 29, on a pour quotient $18^t + \frac{14^t}{29}$. 1^t vaut 6^{pi}, $\frac{14^t}{29}$ valent donc $\frac{14 \times 6^{pi}}{29}$ ou $2^{pi} + \frac{26^{pi}}{29}$. 1^{pi} vaut 12^{po}, $\frac{26^{pi}}{29}$ valent donc $\frac{26 \times 12^{po}}{29}$ ou $10^{po} + \frac{22^{po}}{29}$. 1^{po} vaut 12^l, $\frac{22}{29}$ valent donc $\frac{22 \times 12^l}{29}$ ou $9^l + \frac{3^l}{29}$. En négligeant la fraction de ligne, et réunissant les toises, les pieds, les pouces, les lignes obtenus, on a le nombre complexe $18^t\ 2^{pi}\ 10^{po}\ 9^l$, qui est égal au nombre fractionnaire $\frac{536^t}{29}$ à $\frac{3^l}{29}$ près

La marche suivie indique la règle à suivre dans tous les cas semblables.

ADDITION.

405. Soit à additionner les nombres suivants.

835^{π}	18^s	9^d	(lisez 835 livres 18 sous 9 deniers.)
2842^{π}	13^s	7^d	
24^{π}	8^s	11^d	
536^{π}	15^s	8^d	
4329^{π}	16^s	11^d	

En additionnant les deniers, on trouve 35^d, qui valent $2^s + 11^d$; on écrit seulement les 11^d au dessous des deniers, et on retient les 2^s pour les additionner avec les sous. La somme des sous est 56^s, qui valent $2^π + 16^s$; on écrit les 16^s au dessous des sous, et on retient les $2^π$ pour les additionner avec les livres. La somme des livres est 4239π, que l'on écrit telle qu'on la trouve, au dessous des livres.

SOUSTRACTION.

407. Soit à soustraire les nombres suivants.

$356^{liv.}$	4°	7^g	(lisez 356 livres 4 onces 7 gros).
$72^{liv.}$	11°	5^g	
$283^{liv.}$	9°	2^g	

En retranchant 5^g de 7^g, on trouve pour différence 2^g, que l'on écrit au dessous des gros. On ne peut pas ensuite retrancher 11° de 4° ; on augmente alors 4° d'une unité de la subdivision immédiatement à gauche, c'est-à-dire de $1^{liv.}$. $1^{liv.}$ vaut 16°, 4° et 16° font 20°; en retranchant 11° de 20°, on trouve pour différence 9°, que l'on écrit au dessous des onces. Comme on a augmenté de $1^{liv.}$ le nombre complexe supérieur, pour que la différence ne change pas, il faut aussi augmenter de $1^{liv.}$ le nombre complexe inférieur. 1π et 72π font 73π; en retranchant $73^{liv.}$ de $356^{liv.}$, on trouve pour différence $283^{liv.}$, que l'on écrit au dessous des livres.

MULTIPLICATION.

Multiplication d'un nombre complexe par un nombre entier.

408. 1° Supposons que le nombre entier ne contienne qu'un seul chiffre, et soit à multiplier 536π 15^s 11^d par 7.

536π	15^s	11^d
		7
3757π	10^s	5^d

On multiplie 11^d par 7, ce qui donne 77^d, qui valent 6^s plus 5^d. On écrit seulement les 5^d, et on retient les sous pour les ajouter au produit des sous. 7 fois 15^s font 105^s, et 5^s de retenue font 110^s, qui valent 5π plus 10^s. On écrit seulement les 10^s, et on retient les livres pour les ajouter au produit des livres. 7 fois 356π font 3752π, et 5 de retenue font 3757π.

2° Quand le nombre entier contient plusieurs chiffres, on peut encore opérer de la manière précédente; mais comme on ne peut pas en général trouver alors de mémoire le nombre d'unités de la subdivision supérieure contenu dans un produit, on opère préférablement de la manière suivante.

Soit à multiplier $536^{\pi}\ 15^{s}\ 11^{d}$ par 37.

536^{π}	15^{s}	11^{d}
37		
198 32^{π}		
18^{π}	10^{s}	
9^{π}	5^{s}	
	18^{s}	6^{d}
	12^{s}	4^{d}
	3^{s}	1^{d}
19861^{π}	8^{s}	11^{d}

Au lieu de multiplier de droite à gauche, on multiplie de gauche à droite. Le produit de 536^{π} par 37 est 19832^{π}, que l'on écrit au dessous des livres. 15^{s} valent $10^{s} + 5^{s}$, ou bien $\frac{10^{\pi}}{20} + \frac{5^{\pi}}{20}$, ou $\frac{1^{\pi}}{2} + \frac{1^{\pi}}{4}$. Le produit de 15^{s} par 37 est donc égal à $\frac{1^{\pi}}{2} \times 37 + \frac{1^{\pi}}{4} \times 37$, ou $18^{\pi}\ 10^{s} + 9^{\pi}\ 5^{s}$, que l'on écrit au dessous des livres et des sous. 11^{d} valent $6^{d} + 4^{d} + 1^{d}$, ou bien $\frac{6^{s}}{12} + \frac{4^{s}}{12} + \frac{1^{s}}{12}$, ou $\frac{1^{s}}{2} + \frac{1^{s}}{3} + \frac{1^{s}}{12}$; par conséquent le produit de 11^{d} par 37 est égal à $\frac{1^{s}}{2} \times 37 + \frac{1^{s}}{3} \times 27 + \frac{1^{s}}{12} \times 37$, ou $18^{s}\ 6^{d} + 12^{s}\ 4^{d} + 3^{s}\ 1^{d}$, que l'on écrit au dessous des sous et des deniers. La somme de tous les produits obtenus exprime le produit demandé.

Cette méthode s'appelle méthode des parties aliquotes ; parce qu'elle consiste à partager chaque nombre du nombre complexe en parties, qui soient des diviseurs du nombre d'unités, qu'il faut, du nombre partagé pour former une unité de la subdivision immédiatement supérieure.

409. Multiplication de deux nombres complexes.

Supposons que la toise d'un certain ouvrage coûte $17^{\pi}\ 13^{s}\ 7^{d}$, et qu'on veuille avoir le prix de $26^{t}\ 5^{pi}\ 3^{po}$; il est évident qu'il faudra multiplier $17^{\pi}\ 13^{s}\ 5^{d}$ par $26^{t}\ 5^{pi}\ 3^{po}$, et que le produit exprimera des livres des sous et des deniers.

On réduit 17^{π} 13^{s} 7^{d} en nombre fractionnaire de livres, ce qui donne $\frac{4243^{\pi}}{240}$. On réduit 26^{t} 5^{pi} 3^{po} en nombre fractionnaire de toises, ce qui donne $\frac{225^{t}}{8}$; on fait le produit des deux nombres fractionnaires, ce qui donne $\frac{38187^{\pi}}{77}$. En convertissant ce nombre fractionnaire de livres en nombre complexe, on a pour le produit demandé 495^{l} 18^{s} 8^{d}.

DIVISION.

409. Division d'un nombre complexe par un nombre entier.

Soit à diviser 145^{π} 7^{s} 2^{d} par 12.

Le quotient de 145^{π} par 12 est 12, et il reste 1^{π}, qui vaut 20^{s}. 20^{s} et 7^{s}, que contient le nombre complexe, font 27^{s}. Le quotient de 27^{s} par 12 est 2^{s}, et il reste 3^{s}, qui valent 36^{d}. 36^{d} et 2^{d}, que contient le nombre font 38^{d}. Le quotient de 38^{d} par 12 est 3^{d}, et il reste 2^{d}, que l'on néglige. Le quotient demandé est donc 12^{π} 2^{s} 3^{d}.

410. Division de deux nombres complexes.

On réduit les deux nombres complexes en nombres fractionnaires de leur plus grande unité. On fait la division des deux nombres fractionnaires, et on convertit le quotient en un nombre complexe de l'espèce demandée. Ou bien on réduit seulement le diviseur en nombre fractionnaire. On a alors à diviser un nombre complexe par une fraction ; opération qui revient à multiplier et à diviser un nombre complexe par un nombre entier.

Ainsi 6^{t} 3^{pi} 5^{po} d'un ouvrage coûtent 83^{π} 17^{s} 8^{d}, quel sera le prix de 1 toise ? Il est évident, qu'il faut diviser 83^{π} 17^{s} 8^{d} par 6^{t} 3^{pi} 5^{po}. En réduisant les nombres complexes en nombres fractionnaires, on obtient $\frac{20132^{\pi}}{240}$ et $\frac{65^{t}}{8}$. En divisant le premier par le second on a $\frac{10066^{\pi}}{975}$. En convertissant ce nombre fractionnaire en nombre complexe, on a 10^{π} 6^{s} 5^{d} pour le quotient demandé.

CHAPITRE III

SYSTÈME MÉTRIQUE

411. Les anciennes mesures variaient d'une province à une autre. Il en résultait de grands embarras pour le commerce. En 1790, l'Assemblée constituante décréta un nouveau système de mesures, dont l'exécution fut confiée aux savants de l'époque : Laplace, Lagrange, Monge, Borda et Condorcet. Le nouveau système appelé système métrique est actuellement seul en usage en France et en Belgique.

Toutes les mesures du système métrique dérivent du mètre, mesure des longueurs. Pour que ces mesures pussent de tout temps être vérifiées, et rester fixes, on a pris pour la longueur du mètre une fraction déterminée du méridien terrestre. Le volume de la terre a été reconnu invariable, par suite, le mètre est une longueur invariable, et les mesures qui en dérivent, sont aussi invariables.

Les mesures ou unités principales du système métrique sont : le mètre pour les longueurs, le mètre carré pour les surfaces, le mètre cube pour les volumes, le litre pour les capacités, le gramme pour les poids, le franc pour les monnaies.

On ne peut pas avec ces mesures évaluer toutes les quantités de leur espèce. Ainsi on ne peut pas évaluer en mètres la distance de la terre au soleil ; car on obtiendrait un nombre de trop de chiffres pour l'introduire dans les calculs. On ne peut pas non plus évaluer en mètres l'épaisseur d'une planche, cette épaisseur étant plus petite que le mètre. Il a donc fallu former des mesures plus grandes et plus petites que les mesures principales. Ces nouvelles mesures sont 10, 100, 1000 fois plus grandes ou plus petites que les mesures principales. Les mesures plus grandes s'appellent multiples, les mesures plus petites sous-multiples. Les multiples s'expriment, en faisant précéder les noms des mesures principales des mots déca, hecto, kilo, myria ; les sous-multiples en les faisant précéder des mots déci, centi, milli. Déca signifie dix, hecto cent, kilo mille, myria dix-mille, déci dixième, centi centième, milli millième.

412. Mesures des longueurs.

Le mètre est la dix millionième partie du quart du méridien terrestre; c'est la mesure principale des longueurs. Les multiples du mètre sont : le décamètre, l'hectomètre, le kilomètre, le myriamètre ; les sous-multiples sont : le décimètre, le centimètre, le millimètre. Les multiples et les sous-multiples du mètre sont de dix en dix fois plus grands et plus petits. Ainsi le décamètre vaut 10 mètres, l'hectomètre 10 décamètres, et par suite 10 fois 10 ou 100 mètres, etc ; le décimètre vaut le dixième du mètre, le centimètre le dixième du décimètre, et par suite le centième du mètre.

Il résulte de là que pour lire un nombre de mètres en décamètres, hectomètres, etc., on place une virgule après le premier, le second chiffre à partir de la droite, et on lit la partie ainsi séparée à gauche en décamètres, hectomètres, etc. Ainsi 736945 mètres valent $736^{ki},945^{mèt}$. Et pour lire une fraction décimale de mètres en décimètres, centimètres, millimètres on remplace les mots dixième, centième, millième par ceux de décimètre, centimètre, millimètre. Ainsi $0^{m},736$ valent 736 millimètres.

Le mètre sert pour les longueurs ordinaires, comme la longueur d'une cour, d'une allée. Il est formé ordinairement d'une règle en bois ou en métal, sur laquelle sont marqués les décimètres, les centimètres et les millimètres. Pour le rendre plus portatif on le forme aussi de dix lames en bois ou en métal d'un décimètre chacune, qui se plient les unes sur les autres, et sur lesquelles sont également marqués les décimètres, les centimètres et les millimètres. Le décamètre sert pour l'arpentage. L'hectomètre, le kilomètre, le myriamètre servent pour les chemins, et s'appellent mesures itinéraires.

413. Mesures des surfaces.

Le mètre carré est un carré ayant un mètre de côté; c'est la mesure principale des surfaces.

Les multiples du mètre carré sont : le décamètre, l'hectomètre, le kilomètre, le myriamètre carrés; c'est-à-dire des carrés ayant un décamètre, un hectomètre, etc., de côté. Les sous-multiples sont : le décimètre, le centimètre, le millimètre carrés; c'est-à-dire des carrés ayant un décimètre, un centimètre, un millimètre de côté.

Les multiples et les sous-multiples du mètre carré sont de 100 en 100 fois plus grands et plus petits. Ainsi le décamètre carré vaut 100 mètres carrés. Pour s'en assurer on n'a qu'à placer 10 bandes de 10 mètres carrés les unes au dessus des autres ; on forme ainsi un carré ayant un décamètre de côté, et contenant 100 mètres carrés, comme l'indique la figure suivante.

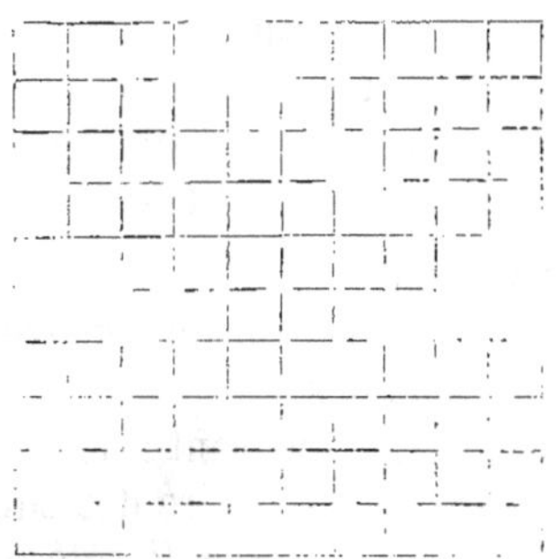

De même l'hectomètre carré vaut 100 décamètres carrés, et par suite 100 fois, 100 ou 10000 mètres carrés, etc. Le mètre carré vaut aussi 100 décimètres carrés, le décimètre carré 100 centimètres carrés; par suite le mètre carré vaut 100 fois 100 ou 10000 centimètres carrés.

Il résulte de là, que pour lire un nombre de mètres carrés en décamètres, hectomètres, kilomètres carrés, on place une virgule après le second, le quatrième, le sixième chiffre, à partir de la droite ; et on lit la partie ainsi séparée à gauche en décamètres, hectomètres, kilomètres carrés. Ainsi 3492476 mètres carrés valent $349^{hc},2476^{mc}$. Et pour lire une fraction décimale de mètres carrés en décimètres, centimètres, millimètres carrés. On la partage de gauche à droite en tranches de deux chiffres. La première tranche exprimée des décimètres, la seconde des centimètres, la troisième des millimètres carrés. Ainsi $0^{mc},439785$ valent $43^{déc}97^{cec}85^{mic}$, ou 439785 millimètres carrés. On néglige les chiffres qui expriment des unités inférieures aux millimètres carrés; et quand la dernière tranche de la fraction n'a pas deux chiffres, on la complète par un zéro. Ainsi $0^{mc},376$ s'énonce 3760 millimètres carrés ; car 6 millièmes de mètre carré valent 60 dix millièmes de mètre carré, et par suite 60 centimètres carrés ; puisque le centimètre carré, est la dix-millième partie du mètre carré, d'après ce que nous avons dit précédemment.

Le mètre carré sert pour les surfaces ordinaires, comme la surface d'un plancher, d'un jardin. Le décamètre carré sert pour les surfaces des champs, des eaux et forêts, et s'appelle are.

L'are a un multiple l'hectare, qui vaut 100 ares ; et un sous-multiple le centiare, qui vaut le centième de l'are ou un mètre carré. De sorte qu'on lit un nombre d'ares, en hectares, comme on lit un nombre de mètres en hectomètres ; et une fraction décimale d'ares en centiares, comme une fraction de mètres en centimètres. Ainsi 3728 ares valent $37^h,28^a$, et $0^a,35$ valent 35 centiares. Le kilomètre, le myriamètre carrés servent pour les surfaces des contrées et des continents.

414. Mesure des volumes

Le mètre cube est un cube ayant un mètre de côté ; c'est la mesure principale des volumes.

Les multiples du mètre cube sont : le décamètre, l'hectomètre, le kilomètre cubes ; c'est-à-dire des cubes ayant un décamètre, un hectomètre, un kilomètre de côté. Les sous-multiples sont le décimètre, le centimètre, le millimètre cubes ; c'est-à-dire des cubes ayant un décimètre, un centimètre, un millimètre de côté.

Les multiples et les sous-multiples du mètre cube sont de 1000 en 1000 fois plus grands et plus petits. Ainsi le décamètre cube vaut 1000 mètres cubes. En effet concevons un décamètre carré partagé, comme dans la figure ci-dessus, en mètres carrés, et supposons que sur chacun de ce ces mètres carrés repose un mètre cube, nous obtiendrons ainsi une bande de 100 mètres cubes. Superposons 10 bandes semblables les unes au dessus des autres, nous formerons ainsi un cube ayant un décamètre de côté et contenant mille mètres cubes, comme l'indique la figure suivante :

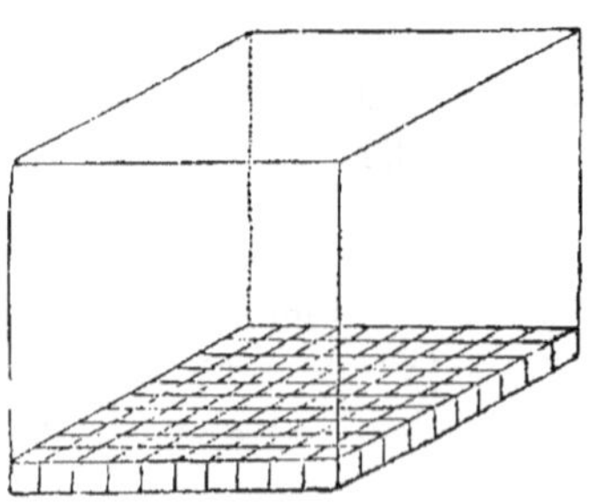

De même l'hectomètre cube vaut 1000 décamètres cubes, et par suite 1000 fois 1000 ou 1000000 de mètres cubes. Un mètre cube vaut aussi 1000 décimètres cubes ; le décimètre cube vaut 1000 centimètres cubes ; donc le mètre cube vaut 1000 fois 1000 ou 1000000 de centimètres cubes.

Il résulte de là, que pour lire un nombre de mètres cubes, en décamètres, hectomètres cubes, etc., on place une virgule après le troisième, le sixième..... chiffre à partir de la droite ; et on lit la partie ainsi séparée à gauche en décamètres, hectomètres cubes. Ainsi 72895678 mètres cubes valent $72^{hc}895678^{mc}$. Et pour lire une fraction décimale de mètres cubes en décimètres, centimètres cubes, on la partage de gauche à droite en tranches de trois chiffres. La première tranche exprime des décimètres, la seconde des centimètres cubes.... Ainsi $0^{mc},345978742$ valent $345^{déc}978^{cec}742^{mic}$ ou 345978742 millimètres cubes. On néglige les chiffres qui expriment des unités inférieures aux millimètres cubes, et quand la dernière tranche n'a pas trois chiffres, on la complète par des zéros. Ainsi $0^{mc}7847$ s'énonce 784700 centimètres cubes ; car 7 dix-millièmes de mètre cube valent 700 millionièmes de mètre cube, et par suite 700 centimètres cubes ; puisque le centimètre cube est la millionième partie du mètre cube, d'après ce que nous avons dit précédemment.

Le mètre cube sert pour les travaux de terrassement, de maçonnerie. Il s'appelle stère, quand il sert pour les bois de chauffage. Le stère à un multiple, le décastère, qui vaut 10 stères, et un sous-multiple, le décistère, qui est le dixième du stère. Le décamètre cube, l'hectomètre cube sont rarement employés.

415. Mesures des capacités.

Le litre est la capacité d'un décimètre cube ; c'est la mesure principale des capacités.

Les multiples du litre sont le décalitre, l'hectolitre, le kilolitre, le myrialitre. Les sous-multiples sont le décilitre, le centilitre, le millilitre. Les multiptes et les sous-multiples du litre sont de 10 en 10 fois plus grands et petits. Ainsi le décalitre vaut 10 litres, l'hectolitre 10 décalitres et par suite 10 fois 10 ou 100 litres, etc. le décilitre est le dixième du litre, le centilitre le dixième du décilitre et par suite le centième du litre.

Il résulte de là, que pour lire un nombre de litres en décalitres, hectolitres, etc.. on place une virgule après le premier, le second..... chiffre à partir de la droite ; et on lit la partie ainsi séparée à gauche en décalitres, hectolitres.... Ainsi 784567 litres valent 784kl567ll, Et pour lire une fraction décimale de litres en décilitres, centilitres, millilitres on remplace les mots dixième, centième, par décilitre, centilitre. Ainsi 0ll759 valent 759 millilitres. On néglige ordinairement les chiffres, qui expriment des unités inférieures aux millilitres.

Le litre sert à la fois pour les liquides et les graines. Pour les liquides c'est un cylindre en étain dont la hauteur est double du diamètre de la base. Pour les graines c'est un cylindre en bois dont la hauteur est égale au diamètre de la base. Tous les multiples du litre sont également employés pour les graines et les liquides. Le décilitre, le centilitre servent également pour les graines et les liquides précieux, comme les graines d'horticulture, les huiles, les alcools. Les petites quantités de liquide s'évaluent plus exactement en poids qu'en volume.

416. Mesures des poids.

Le gramme est le poids d'un centimètre cube d'eau distillée, pesée dans le vide, et prise à son maximum de densité, qui a lieu à 4 degrés centigrades ; c'est la mesure principale des poids.

Les multiples du gramme sont le décagramme, l'hectogramme, le kilogramme, le myriagramme ; les sous-multiples sont le décigramme, le centigramme, le milligramme. Les multiples et les sous-multiples du gramme sont de 10 en 10 fois plus grands et plus petits. Ainsi le décagramme vaut 10 grammes, l'hectogramme 100 grammes, le décigramme est le dixième du gramme, le centigramme le centième du gramme.

Il résulte de là, que pour lire un nombre de grammes en décagrammes, hectogrammes, on place une virgule après le premier, le second chiffre à partir de la droite. Ainsi 78457 grammes valent 78k,457g. Et pour lire une fraction décimale de grammes en décigrammes, centigrammes on remplace les mots dixième, centième, par décigramme, centigramme. Ainsi 0g,54 valent 54 centigrammes.

Le gramme, le décagramme, l'hectogramme, le kilogramme servent pour les pesées ordinaires du commerce. 100 kilogrammes prennent le nom de quintal métrique. Le quintal et le myriagramme servent à évaluer les grands poids. Le décigramme, le centigramme, le milligramme servent pour les matières précieuses, comme l'or, l'argent, les pierreries, et pour les produits pharmaceutiques.

Les poids se divisent en trois classes : les gros poids, les poids moyens et les petits poids. Les gros poids sont ceux qui surpassent un kilogramme. Les poids moyens vont du kilogramme au gramme. Les petits poids sont ceux qui sont inférieurs au gramme. Les poids sont en fonte, en cuivre ou en platine. Les poids en fonte ont la forme d'un tronc de pyramide ; ce sont les gros poids, et une certaine partie des poids moyens supérieurs. Les poids en cuivre sont des cylindres terminées par un bouton ; ce sont les poids moyens, et une certaine partie des gros poids inférieurs et des petits poids supérieurs. Les poids en platine sont des plaques carrées et minces, ils sont tous inférieurs au gramme.

417. Mesures des monnaies.

Le franc est un alliage formé de 0,9 d'argent et 0,1 de cuivre pesant 5 grammes, c'est la mesure principale des monnaies.

Les multiples du franc n'ont pas reçu de nom particulier. Les sous-multiples sont le décime et le centime. Le décime est le dixième du franc, le centime le centième du franc. Pour lire une fraction décimale de francs en décimes et centimes, il suffit de remplacer les mots dixième et centième par décime et centime. Ainsi $0^{f},75$ valent 75 centimes. On néglige ordinairement les chiffres, qui expriment des unités inférieures aux centièmes.

Les monnaies de France sont en bronze, en argent et en or. Les monnaies de bronze sont formées de 0,95 de leur poids en cuivre, de 0,04 en étain, et 0,0' en zinc. Les monnaies d'argent ou d'or sont formées de 0,9 de leur poids en argent ou en or et de 0,1 en cuivre. On n'a pas fabriqué les monnaies métalliques en or, argent et cuivre purs, parce que ces métaux à l'état de pureté n'auraient pas assez de dureté pour résister au frottement.

On appelle titre d'un alliage par rapport à l'un des métaux qui le constituent, la fraction de poids de ce métal contenue dans l'unité de poids de l'alliage. Ainsi nos monnaies d'argent et d'or sont par rapport à l'argent et à l'or au titre de 0,9 ou 0,900; car les titres des monnaies s'expriment toujours en millièmes. La loi tolère une erreur en plus ou en moins de 0,002.

Les monnaies d'or valent légalement à poids égal 15,5 fois les monnaies d'argent, et les monnaies d'argent 20 fois les monnaies de bronze. Ou, ce qui est la même chose, les monnaies d'or pèsent légalement à valeur égale 15,5 fois moins que les monnaies d'argent, et celles ci 20 fois moins que les monnaies de bronze.

D'après cela, pour avoir le poids d'une certaine somme en or, on raisonne de la manière suivante : Soit à trouver le poids de 20 francs en or. On dit : 1 franc en argent pesant 5 grammes, 1 franc en or pèsera 15,5 fois moins ou $\frac{5}{15,5}$, et 20 francs en or pèseront 20 fois plus ou $\frac{5 \times 20}{15,5} = 6,451$.

Par un raisonnement semblable on trouve que 1 centime en bronze pèse 1 gramme.

418. Outre les mesures que nous venons d'énumérer, la loi autorise encore l'usage du double et de la moitié des mesures de longueur, de capacité et de poids. Ainsi dans les mesures de longueur on trouve encore 2 fois le mètre, 5 fois le mètre, 2 fois le décimètre, etc.

Le système métrique donne seulement les mesures des quantités que l'on a le plus souvent à évaluer. Il est cependant une autre quantité, le temps, que l'on a souvent à considérer dans les problèmes d'arithmétique, et dont nous donnerons aussi les mesures.

419. Mesures du temps.

La mesure principale du temps est le jour. C'est le temps que met à peu près la terre à faire une révolution complète autour de son axe. (La terre est ronde comme une boule, et tourne autour d'une ligne droite passant par son centre, en même temps qu'elle tourne autour du soleil.)

Le jour se divise en 24 heures, l'heure en 60 minutes, la minute en 60 secondes. 7 heures 32 minutes 25 secondes s'écrivent $7^{H}\ 32'\ 25''$.

La seconde est l'unité de temps adoptée en physique et cosmographie.

L'année est le temps que met à peu près la terre à faire une révolution complète autour du soleil. Ce temps est d'environ $365^{j} + \frac{1}{4}$; d'où il résulte que l'on fait suivre généralement trois années de 365 jours d'une année de 366 jours. Cette dernière année s'appelle bissextile.

L'année se divise en 12 mois : janvier, février, mars, avril, mai, juin, juillet, août, septembre, octobre, novembre, décembre.

Janvier, mars, mai, juillet, août, octobre, décembre ont 31 jours. Avril, juin, septembre, novembre ont 30 jours. Février en a 28 dans les années ordinaires et 29 dans les années bissextiles.

Les opérations des nombres complexes du temps se font comme nous l'avons indiqué dans les opérations des nombres complexes.

CHAPITRE IV

CONVERSION DES ANCIENNES MESURES EN NOUVELLES, ET RÉCIPROQUEMENT.

Nous allons d'abord nous occuper de la formation du tableau des anciennes mesures exprimées en nouvelles.

420. Delambre et Méchain avaient été chargés de mesurer l'arc de méridien compris entre Dunkerque et Barcelone. A l'aide du résultat qu'ils obtinrent, et de celui qu'avaient trouvé Bouguer et La Condamine, en mesurant aussi un arc de méridien au Pérou, on calcula la longueur du quart du méridien ou la distance du pôle à l'équateur. Cette distance fut trouvée égale à 5130740 toises. Le mètre étant la dix-millionième partie du quart du méridien terrestre, il s'ensuit que 5130740 toises valent 10000000 mètres ; par conséquent 1 toise vaut $\frac{10000000}{5130740}$ $= 1^m,94904$.

1 pied étant le sixième d'une toise, il s'ensuit que 1 pied vaut $\frac{1^m,94904}{6} = 0^m,32484$.

1 pouce étant le douzième d'un pied, 1 pouce vaut $\frac{0^m,32484}{12}$ $= 0^m,02707$.

Par un raisonnement semblable, on obtient les valeurs de toutes les anciennes mesures exprimées en nouvelles. Pour obtenir les valeurs des anciennes mesures de poids et de monnaies on s'appuie sur ce que 18827,15 grains valent 1 kilogramme, et 81 livres tournois 80 francs.

TABLEAU DES ANCIENNES MESURES EXPRIMÉES EN NOUVELLES.

MESURES DE LONGUEUR.

Point 1/12 de ligne	0,188	millimètres.
Ligne 1/12 de pouce	2,256	millimètres.
Pouce 1/12 de pieds	0,02707	mètre.

Pied 1/6 de toise	0,32484	mètre.
Toise	1,94904	mètre
Perche (18 pieds)	5,84712	mètres.
Perche (22 pieds)	7,14648	mètres.
Mille (1000 toises)	1,94104	kilomètre.
Lieue (2 milles)	3,89808	kilomètres.

MESURES DE SUPERFICIE.

Pouce carré	7,3278	centimètres carrés
Pied carré	0,1055	mètre carré.
Toise carrée	3,7987	mètres carrés.
Perche carrée (18 pieds de côté)	34,19	mètres carrés.
Perche carrée (22 pieds de côté)	51,07	mètres carrés.
Arpent (100 perches de 18 pieds)	3418,87	mètres carrés.
Arpent (100 perches de 22 pieds)	5107,20	mètres carrés.

MESURES DE VOLUME.

Pouce cube	0,01148	centimètre cube.
Pied cube	0,019836	décimètre cube.
Toise cube	7,4039	mètres cubes.
Voie	1,91952	mètre cube.
Corde	3,83905	mètres cubes.
Solive	0,10283	mètre cube.

MESURES DES CAPACITÉS.

Pinte	0,9313	litre.
Quartaut (72 pintes)	67,0545	litres.
Feuillette (2 quartauts)	1,34109	hectolitre.
Muid (2 feuillettes)	2,68218	hectolitres.
Litron	0,8130	litre.
Boisseau (16 litrons)	13,008	litres
Setier (12 boisseaux)	1,561	hectolitre.

MESURES DE POIDS

Grain	0,053	gramme.
Gros (72 grains)	3,824	grammes
Once (8 gros)	30,59	grammes.
Marc (18 onces)	0,24475	kilogramme.
Livre (2 marcs)	0,48951	kilogramme.
Quintal (100 livres)	48,951	kilogrammes.

MESURES DES MONNAIES.

Denier	0,002	franc.
Liard (3 deniers)	0,01	franc.
Sou (4 liards)	0,05	franc.
Livre (20 sous)	0,99	franc.

Nous allons maintenant nous proposer d'exprimer en mesures nouvelles une quantité exprimée en mesures anciennes et réciproquement.

421. 1° Convertir $37^t\ 2^{pi}\ 5^{po}\ 9^l$ en mètres.

En nous servant des résultats consignés dans le tableau précédent, nous pouvons écrire :

$1^t = 1^m,94904$ donc $37^t = 1^m,94904 \times 37 = 72^m,11448.$
$1^{pi} = 0^m,32484$ $\quad 2^{pi} = 0^m,32484 \times 2 = 0^m,64968.$
$1^{po} = 0^m,02707$ $\quad 5^{po} = 0^m,02707 \times 5 = 0^m,13535.$
$1^l = 0^m,002256$ $\quad 9^l = 0^m,002256 \times 9 = 0^m,02030.$

En additionnant on a $37^t\ 2^{pi}\ 5^{po}\ 9^l = 72^m,91981.$

422. 2° Convertir $85^m,736$ en toises, pieds, pouces et lignes.

Nous allons d'abord exprimer le nombre de mètres donné en un nombre fractionnaire de toises, que nous convertirons ensuite en nombre complexe d'après la marche indiquée au numéro (405).

Cherchons d'abord la valeur du mètre en fraction de toise. Nous venons de trouver que $1^m,94904 = 1^t$, donc $1^m = \dfrac{1^t}{1,94904}$; par conséquent $85^m,736$ valent $\dfrac{85^t736}{1,94904} = 43^t\ 5^{pi}\ 11^{po}\ 2^l.$

On suit une marche analogue dans toutes les questions semblables.

LIVRE V

RÉSOLUTION DES PROBLÈMES

CHAPITRE I

PROBLÈMES PARTICULIERS.

423. J'ai acheté 45 pièces de drap d'égale longueur à raison de 15^f le mètre. En les revendant 17^f, je gagne 1800^f. Dites quelle était la longueur de chacune ?

Le prix du mètre passant de 15^f à 17^f on gagne 2^f par mètre. En divisant le bénéfice 1800^f par 2, on aura donc le nombre de mètres achetés. On trouve ainsi 900^m. Ces 900^m se divisent en 45 pièces de même longueur. En divisant 900 par 45, on aura donc la longueur de chacune. On trouve ainsi 20^m.

424. 2 pièces de toile sont de même qualité et de même largeur, l'une plus longue que l'autre de 16 mètres coûte 90^f et l'autre 50^f. On demande la longueur de chaque pièce.

La différence de prix des deux pièces est $90^f - 50^f = 40^f$. Ces 40^f sont le prix de la différence de longueur des 2 pièces, qui est de 16^m. Puisque 16^m coûtent 40^f, 1^m coûtera 16 fois moins ou $\frac{40^f}{16} = \frac{5^f}{2} = 2^f,5$. En divisant maintenant le prix de chaque pièce 90^f et 50^f par le prix du mètre $2^f,5$, on trouvera la longueur de chaque pièce. On trouve ainsi 36^m et 20^m.

425. Une pièce d'étoffe dont on a vendu les $\frac{3}{7}$ une première fois, et les $\frac{2}{5}$ une deuxième fois, contient encore $6^m + \frac{3}{4}$. Quelle était sa longueur primitive ?

Additionnons $\frac{3}{7}$ et $\frac{2}{5}$, on obtient $\frac{29}{35}$, qui représente la fraction de pièce vendue. En retranchant $\frac{29}{35}$ de $\frac{35}{35}$, on a $\frac{6}{35}$ pour la fraction de pièce qui reste à vendre. En désignant par x la longueur de la pièce, on peut donc écrire $\frac{6}{35}x = 6^m + \frac{3}{4}$.

D'après un raisonnement employé numéro 224 on aura

$$x = \frac{\left(6^m + \frac{3}{4}\right) \times 35}{6} = 39^m,375.$$

426. Un passementier met $\frac{1}{2}$ heure à faire 1 mètre de frange. Il doit en livrer une pièce de $12^m + \frac{3}{4}$, et il a commencé son travail à $9^h + \frac{1}{4}$ du matin. On demande à quelle heure il le finira, en supposant qu'il l'effectue sans interruption.

Puisque 1^m exige $\frac{1^h}{2}$, $12^m + \frac{3}{4}$ exigeront $\frac{1^h}{2}\left(12 + \frac{3}{4}\right)$; ce qui donne $6^h + \frac{3}{8}$. En ajoutant ce résultat à $9^h + \frac{1}{4}$, on a $15^h + \frac{5}{8}$. En retranchant 12^h de ce nombre, on trouve $3^h + \frac{5}{8}$ pour l'heure à laquelle sera fini l'ouvrage.

427. Avec les $\frac{4}{9}$ de son bénéfice annuel un négociant a acheté une propriété de 9 hectares 28 centiares, estimée à raison de $3450^f,50$ l'hectare. Combien lui reste-t-il ?

Puisque 1^h coûte $3450^f,50$, $9^h,0028$ coûteront $3450^f,50 \times 9,0028^f = 31064^f,1614$. En désignant par x le bénéfice annuel, on aura $\frac{4}{9}x = 31064^f,1614$; d'où $x = \frac{31064^f,1614 \times 9}{4} = 69894^f,36315$. En retranchant 31064,1614 de ce dernier nombre on a 38830,20175 pour le reste demandé.

428. Combien y a-t-il de litres de vin de Bordeaux dans une pièce qui pèse brut 240 kilogrammes, sachant que le fût pèse 45 kilos, et que le poids d'un litre de vin de Bordeaux est de $0^k,9939$?

La différence $240^k - 45^k$ donne 195^k pour le poids du vin. En divisant 195^k par $0^k,9939$, on a $196^l,20$ pour le nombre de litres demandé à $\frac{1}{2}$ centilitre près.

429. Deux marchands ont fait un échange. Le premier a donné au deuxième les $\frac{4}{5}$ d'un rouleau de drap, estimé à $13^f + \frac{2}{3}$ le mètre. Le 2e s'est acquitté, en rendant au 1er les $\frac{8}{9}$ d'une pièce de toile, estimée à $2^f + \frac{3}{4}$ le mètre. Chercher la longueur et la valeur de chaque pièce s'il reste au 1er marchand $8^m + \frac{5}{6}$ de drap.

En retranchant $\frac{4}{5}$ de $\frac{5}{5}$ on a $\frac{1}{5}$ pour la fraction de rouleau qui reste au 1er marchand. En désignant par x la longueur du rouleau, on aura $\frac{x}{5} = 8^m + \frac{5}{6}$; d'où $x = \left(8^m + \frac{5}{6}\right)5 = 44^m + \frac{1}{6}$. Les $\frac{4}{5}$ de ce nombre sont $\left(44^m + \frac{1}{6}\right)\frac{4}{5} = 35^m + \frac{1}{3}$, qui, à $13^f + \frac{2}{3}$ le mètre, valent $\left(35 + \frac{1}{3}\right)\left(13^f + \frac{2}{3}\right) = 482^f + \frac{8}{9}$. Par conséquent en désignant par y la longueur de la pièce de toile, on devra avoir $\frac{8}{9}\ y\ \left(2^f + \frac{3}{4}\right) = 482^f + \frac{8}{9}$, ou $\frac{22}{9}\ y = 482^f + \frac{8}{9}$; d'où $y = \dfrac{\left(482 + \frac{8}{9}\right) 9}{22} = 197^m + \frac{6}{11}$. Maintenant la valeur du rouleau sera évidemment $\left(44^m + \frac{1}{6}\right)\left(13^f + \frac{2}{3}\right) = 603^f + \frac{11}{18}$, et la valeur de la pièce sera $\left(197^m + \frac{6}{11}\right)\left(2^f + \frac{3}{4}\right) = 543^f + \frac{1}{4}$.

430. Avec les $\frac{2}{3}$ des $\frac{5}{6}$ des $\frac{7}{8}$ de ce que j'ai, je pourrais acheter une prairie, estimée à 5800^f l'hectare, et il me resterait 12400^f. Dites en hectares la superficie de cette prairie ?

Prenons les $\frac{2}{3}$ de $\frac{5}{6}$ de $\frac{7}{8}$, on a $\frac{35}{72}$ (221). En retranchant $\frac{35}{72}$ de

$\frac{72}{72}$, on a $\frac{37}{72}$. Désignons par x la fortune de cette personne, on aura $\frac{37}{72}x = 12400^f$; d'où $x = \frac{12400^f \times 72}{37} = 24129^f,729729$. En retranchant de ce nombre 12400^f, on aura $11729^f,729729$ pour le prix de la prairie. En divisant cette valeur par 5800^f, on aura $2^h,0224$ pour la superficie de la prairie.

431. Un réservoir a deux robinets, par lesquels il peut se vider en 15 heures. Par le premier il se viderait en 25^h. On demande ce qu'il lui faudrait d'heures pour se vider par le deuxième?

Puisque 2 robinets vident le réservoir en 15^h, dans 1^h ils videront $\frac{1}{15}$ du réservoir. Le premier robinet vidant le réservoir dans 25^h, videra dans 1^h $\frac{1}{25}$ du réservoir; donc le 2me robinet videra dans 1^h $\frac{1}{15} - \frac{1}{25}$ ou $\frac{2}{75}$ du réservoir ; puisqu'il vide les $\frac{2}{75}$ du réservoir dans 1^h, il en videra $\frac{1}{75}$ dans 2 fois moins de temps ou $\frac{1^h}{2}$, et il videra les $\frac{75}{75}$ du réservoir ou le réservoir dans 75 fois plus de temps ou $\frac{75}{2} = 37^h + \frac{1}{2}$.

432. Un ouvrier a mis 8^j, travaillant 9^h par jour, à faire 144^m d'un certain travail. Un autre ouvrier aurait fait le même travail en 7^j, travaillant 10^h par jour. Combien les deux ouvriers réunis devraient-ils travailler d'heures par jour pour faire en 5^j 150^m de cet ouvrage ?

Le 1er ouvrier, travaillant 8^j et 9^h par jour, travaille 8×9 ou 27^h, et fait 144^m; donc dans 1^h il fait 72 fois moins de mètres ou $\frac{144^m}{72}$; on trouve de même, que le deuxième ouvrier fait dans 1^h $\frac{144}{70}$ de sorte que les deux ouvriers font dans 1^h $\frac{144^m}{72} + \frac{144^m}{70} = \frac{142^m}{35}$. Pour avoir le nombre d'heures, qu'ils mettent à faire 150^m, on doit évidemment diviser 150 par $\frac{142}{35}$; ce qui donne $\frac{(150 \times 35)^h}{142}$. En divisant maintenant ce nombre d'heures par, 5 on aura $\frac{(150 \times 35)^h}{142 \times 5} = 7^h\ 36'$ pour le nombre d'heures demandé (405).

433. Un homme a reçu 6 caisses de marchandises, qui contiennent chacune 245 kilogrammes à raison de $2^f,32$ le kilogramme. Il a payé pour les droits $0^f,08$ par kilogramme et pour le port de chaque caisse $4^f,40$. Chercher ce qu'il doit revendre chaque kilogramme pour gagner $120^f,60$ sur le tout.

Le poids des marchandises est $345^k \times 6 = 2070^k$, qui multipliés par $2^f,32$ donnent $4802^f,40$ pour leur achat, 2070^k multipliés par $0^f,08$ donnent $165^f,60$ pour les droits. Le port revient à $6 \times 4^f,40 = 26^f,40$. En ajoutant les sommes déboursées, on trouve $4994^f,40$. Comme on veut gagner $120^f,60$, le prix de vente devra s'élever à $4994^f,40 + 120^f,\ 60 = 5115^f$. 2070^k devant se revendre 5115^f, 1^k devra se revendre $\frac{5115^f}{2070} = 2^f,47$.

434. Un père partage les $\frac{5}{8}$ de sa fortune entre ses trois enfants, de manière que $\frac{1}{4}$ de la part de l'aîné égale les $\frac{3}{8}$ de celle du 2me, dont la part est triple de celle du plus jeune. On sait que ce dernier a 14600^f. Chercher la fortune du père.

Cherchons la part de chaque enfant, le plus jeune a 14600^f. le 2me a 3 fois plus ou 33800^f. Le $\frac{1}{4}$ de la part de l'aîné vaut $33800^f \times \frac{3}{8} = 12675^f$; par conséquent sa part sera $12675^f \times 4 = 50700^f$. La somme des parts est 99100^f, qui représente les $\frac{5}{8}$ de la fortune du père, en désignant cette fortune par x on aura $\frac{5}{8} x = 99100^f$, d'où $x = 99100^f \times \frac{8}{5} = 158560^f$.

CHAPITRE II

RÈGLES DE TROIS

435. On dit que deux quantités sont en rapport direct, lorsque l'une d'elles devenant un certain nombre de fois plus grande ou plus petite, l'autre devient ce même nombre de fois plus grande ou plus petite. Ainsi le prix d'une étoffe est en rapport direct avec la longueur de cette étoffe. Si on achètte 2,3,4 fois plus de mètres de cette étoffe, le prix devient 2,3,4 fois plus grand. Il résulte de là, que quand deux quantités sont en rapport direct, deux valeurs quelconque de la 1re forment un rapport égal aux valeurs correspondantes de la deuxième. Ainsi 5 mètres d'une étoffe coûtant 12f, 15m de la même étoffe coûteront 36f, et l'on aura la proportion $\frac{5}{15}=\frac{12}{36}$.

On dit que deux quantités sont en rapport inverse, lorsque l'une devenant un certain nombre de fois plus grande ou plus petite, l'autre devient ce même nombre de fois plus petite ou plus grande. Ainsi le nombre de jours, qu'il faut à un ouvrier pour faire un ouvrage, est en rapport inverse avec le nombre d'heures, qu'il travaille chaque jour ; s'il travaille 2, 3, 4 fois plus d'heures par jour, il lui faudra 2, 3, 4 fois moins de jours. D'où il résulte, que quand deux quantités sont en rapport inverse, deux valeurs quelconques de la première forment un rapport égal au rapport inverse des valeurs correspondantes de la deuxième. Ainsi, si un ouvrier, travaillant 15h par jour, met 7j à faire un ouvrage; travaillant 5h par jour, il mettra 21j à faire le même ouvrage, et l'on aura la proportion $\frac{15}{5}=\frac{21}{7}$.

Deux quantités en rapport direct sont dites aussi en raison directe, ou directement proportionnelles, ou simplement proportionnelles. Deux quantités en rapport inverse sont dits aussi en raison inverse, ou inversement proportionnelles, ou réciproquement proportionnelles.

436. On appelle règles de trois des problèmes dont les quantités données et inconnues sont toujours en rapport direct ou inverse, et peuvent se diviser en deux séries, telles qu'à chaque quantité de l'une correspond une quantité de même espèce de l'autre.

Ainsi le problème suivant est une règle de trois.

15 ouvriers, travaillant 32 jours et 9 heures par jour, ont fait 2400 mètres d'étoffe ; combien 24 ouvriers emploieront-ils de jours, en travaillant 8 heures par jour, pour faire 3600 mètres de la même étoffe ?

Les quantités de la première série sont :

$$15^{o}, \quad 32^{j}, \quad 9^{h}, \quad 2400_{m} ;$$

et celles de la deuxième, en désignant l'inconnue par x,

$$24^{o}, \quad x_{j}, \quad 8^{h}, \quad 3600_{m}.$$

A cause de cette symétrie, les règles de trois s'écrivent généralement, en plaçant sur une première ligne horizontale les quantités de l'une des séries, et sur une deuxième ligne horizontale les quantités de l'autre. C'est en deuxième ligne que l'on place généralement la série contenant l'inconnue.

Ainsi la règle précédente s'écrira :

$$\begin{array}{cccc} 15^{o} & 32^{j} & 9^{h} & 2400_{m} \\ 24 & x & 8 & 3600. \end{array}$$

Une règle de trois est dite simple, lorsque le nombre des données est égal à 3, ou peut se ramener à 3. Elle est dite composée dans le cas contraire. Elle est dite directe, lorsque la quantité de l'espèce de l'inconnue est en rapport direct avec les quantités de l'espèce des données. Elle est dite inverse dans le cas contraire. Elle est dite directe et inverse, lorsque la quantité de l'espèce de l'inconnue est en rapport direct avec certaines quantités de l'espèce des données et en rapport inverse avec d'autres.

437. On résout généralement les règles de trois par la méthode de réduction à l'unité. Cette méthode consiste, le problème étant écrit sur deux lignes horizontales, l'inconnue en bas, à chercher les valeurs successives, que prend le nombre, qui correspond à l'inconnue, quand on réduit d'abord à 1 tous les autres nombres de la première ligne, et qu'on considère ensuite les nombres, tels qu'ils sont dans la deuxième ligne.

433. Soit la règle de trois simple et directe suivante :

35 mètres d'étoffe ont coûté 728 francs, que coûteront 47 mètres de la même étoffe ?

Le problème étant écrit sur deux lignes horizontales, l'inconnue en bas.

$$\begin{array}{ll} 35^m & 728^f \\ 47 & x. \end{array}$$

On dit : puisque 35^m ont coûté 728^f, 1^m coûtera 35 fois moins ou $\frac{728}{35}$, et 47^m coûteront 47 fois plus ou $\frac{728 \times 47}{35}$; ce qui donne $977^f,60$ pour la valeur de x.

439. Soit la règle de trois composée et directe suivante :

48 mètres d'étoffe à 7 décimètres de large ont coûté 150^f ; que coûteront 60^m de la même étoffe à 9 décimètres de large ?

$$\begin{array}{lll} 48^m & 7^d & 150^f \\ 60 & 9 & x. \end{array}$$

Puisque 48^m d'étoffe ont coûté 150^f, 1^m coûtera 48 fois moins ou $\frac{150}{48}$. L'étoffe a 7^d de large ; si elle n'avait que 1^d, le mètre coûterait 7 fois moins ou $\frac{150}{48 \times 7}$, 60^m de cette étoffe coûteront 60 fois plus ou $\frac{150 \times 60}{48 \times 7}$; et si elle avait 9^d de large, elle coûterait 9 fois plus ou $\frac{150 \times 60 \times 9}{48 \times 7} = 241^f,07$.

Remarque. — Il faut avoir le soin de simplifier, avant d'opérer, la fraction qui donne la valeur de x. Les calculs sont ainsi plus rapides. Ainsi la fraction précédente se réduit d'abord à $\frac{150 \times 10 \times 9}{8 \times 7}$.

440. Soit la règle de trois simple et inverse suivante :

Il faut pour faire un plancher 588 planches de 30 centimètres de large. Combien en faudrait-il si elles avaient 35 centimètres de large ?

$$\begin{array}{ll} 588^p & 30^c \\ x & 35. \end{array}$$

Puisque la largeur étant de 30^c, il faut 588^p ; si la largeur était de 1^{r}, il faudrait 30 fois plus de planches ou 588×30 ; et si la largeur était de 35^{c}, il faudrait 35 fois moins de planches ou $\frac{588 \times 30}{35} = 504^{p}$.

441. Soit la règle de trois composée et inverse suivante :

11 ouvriers, travaillant $7^{h} + \frac{1}{2}$ par jour, ont employé 15^{j} pour faire un ouvrage. Combien 13 ouvriers, travaillan t $9^{h} + \frac{3}{4}$ par jour, emploieront-ils de jours pour faire le même ouvrage ?

$$
\begin{array}{lll}
11^{o} & 7^{h} + \frac{1}{2} & 15^{j} \\
13 & 9 + \frac{3}{4} & x.
\end{array}
$$

Puisque 11° emploient 15^{j} pour faire un ouvrage, 1° emploiera 11 fois plus de jours ou 15×11. Cet ouvrier travaille $7^{h} + \frac{1}{2}$ par jour ; s'il ne travaillait que 1^{h}, il emploierait $7 + \frac{1}{2}$ fois plus de jours ou $15 \times 11 \left(7 + \frac{1}{2}\right)$. 13° dans la même condition emploieront 13 fois moins de jours ou $\frac{15 \times 11 \left(7 + \frac{1}{2}\right)}{13}$; et s'ils travaillaient $9^{h} + \frac{3}{4}$ par jour, ils mettraient $9^{h} + \frac{3}{4}$ fois moins de jours ou $\frac{15 \times 11 \left(7 + \frac{1}{2}\right)}{13 \left(9 + \frac{3}{4}\right)} = 9^{j}\ 18^{h}$ (405).

442. Soit la règle de trois composée directe et inverse suivante :

15 ouvriers, travaillant 32 jours et 9 heures par jour, ont fait 2400 mètres d'étoffe. Combien 24 ouvriers emploieront-ils de jours, travaillant 8 heures par jour, pour faire 3600 mètres de la même étoffe ?

$$
\begin{array}{llll}
15^{o} & 32^{j} & 9^{h} & 2400^{m} \\
24 & x & 8 & 3600
\end{array}
$$

Puisque 15° emploient 32 jours à faire un ouvrage, 1° emploiera 15 fois plus de jours ou 32×15 à faire cet ouvrage. Cet ouvrier travaille 9^h par jour, s'il ne travaillait que 1^h, il mettrait 9 fois plus de jours ou $32 \times 15 \times 9$. L'ouvrier fait 2400^m, s'il ne faisait que 1^m, il mettrait 2400 fois moins de jours ou $\frac{32 \times 15 \times 9}{2400}$.
24° dans les mêmes conditions mettront 24 fois moins de jours ou $\frac{32 \times 15 \times 9}{2400 \times 24}$; s'ils travaillaient 8^h par jour, ils mettraient 8 fois moins de jours ou $\frac{32 \times 15 \times 9}{2400 \times 24 \times 8}$; et s'ils faisaient 3600^m, ils mettraient 3600 fois plus de jours ou $\frac{32 \times 15 \times 9 \times 3600}{2400 \times 24 \times 8}$ $= 33^j\ 18^h$.

443. En examinant les solutions fournies par les diverses sortes de règles de trois, on a été conduit à la règle générale suivante de la résolution de ces règles.

Le problème étant écrit sur deux lignes horizontales, l'inconnue en bas; l'inconnue est égale à la quantité, qui lui correspond multipliée par le rapport des quantités correspondantes ainsi divisées : celle d'en bas par celle d'en haut, quand ces quantités et celle de l'espèce de l'inconnue sont en rapport direct ; celle d'en haut par celle d'en bas, quand ces quantités et celle de l'espèce de l'inconnue sont en rapport inverse.

On reconnait, que deux quantités sont en rapport direct dans une règle de trois, quand à plus de l'une répond plus de l'autre ; et qu'elles sont en rapport inverse, quand à plus de l'une répond moins de l'autre.

Nous allons appliquer cette règle au problème suivant.

444. Combien devrait-on employer d'hommes pour creuser en 45^j, travaillant 12^h par jour, un canal de 1892^m de long, 6 de large, et 3 de profondeur ; lorsque 230 de ces ouvriers ont mis 50^j, travaillant 10^h par jour, pour faire un autre canal, dont la longueur est $1036^m,095$, la largeur 7^m, et la profondeur 4^m.

$$\begin{array}{llllll} 230^o & 50^j & 10^h & 1036^m,095^{lo} & 7^{m\,la} & 4^{m\,pr} \\ x & 45 & 12 & 1892 & 6 & 3. \end{array}$$

$x = 230$, plus de jours moins d'ouvriers pour faire l'ouvrage, le rapport est inverse ; on multiplie 230 par $\frac{50}{45}$, ce qui donne

$x = \frac{230 \times 50}{45}$. plus d'heures moins d'ouvriers rapport inverse; on multiplie par $\frac{10}{12}$, ce qui donne $x = \frac{230 \times 50 \times 10}{45 \times 12}$. plus de longueur plus d'ouvriers, rapport direct, on multiplie par $\frac{1892}{1036{,}095}$. plus de largeur plus d'ouvriers, on multiplie par $\frac{3}{4}$. On obtient ainsi $x = \frac{230 \times 50 \times 10 \times 1892 \times 6 \times 3}{45 \times 12 \times 1036{,}095 \times 7 \times 4}$ $= 250^{o}$.

C'est par l'application de la règle précédente qu'on résout généralement les règles de trois. On peut ensuite employer comme vérification la méthode de réduction à l'unité.

Quelquefois l'inconnue entre dans la quantité correspondante de la 1er ligne, comme dans l'exemple suivant.

445. Un ouvrier à mis un certain nombre de jours, travaillant 6^{h} par jour pour faire $54^{m},50$. Le même ouvrier mettrait 3 jours de plus, s'il travaillait 9^{h} par jour, pour faire 150^{m} du même ouvrage. Chercher combien l'ouvrier à travaillé de jours dans le 1er cas.

$$(x + 3)^{j}\ 9^{h}\ 150^{m}$$
$$x \quad 6 \quad 54{,}50.$$

En appliquant la règle générale, on trouve d'abord $x = \frac{(x + 3) \times 9 \times 54{,}50}{6 \times 150}$ $x = \frac{(x + 3)\ 10{,}9}{20}$ d'ou en multipliant par 20 $20 \times x = 10{,}9 \times x + 3 \times 10{,}9$; d'où en retranchant $10{,}9 \times x$ $20 \times x - 10{,}9 \times x = 32,\ 7$, ou $(20 - 10{,}9)\ x = 32,\ 7$, ou $9{,}1 \times x = 32,\ 7$; d'où en divisant par 9,1, $x = \frac{32{,}7}{9{,}1} = 3^{j}\ 14^{h}$.

On procède d'une manière analogue dans les cas semblables.

Toutes les règles de trois ne sont pas susceptibles de s'écrire immédiatement sur deux lignes horizontales, comme dans les cas précédents, on est souvent obligé de modifier auparavant l'énoncé du problème à l'aide de certaines opérations, de manière toutefois à ne pas altérer la solution. Nous allons donner des exemples.

446. Une garnison composée de 1500 hommes n'a plus que

pour 18 jours de vivres, quand elle fait une sortie, dans laquelle elle perd 600 hommes. Combien pourra-t-elle tenir de jours, en supposant qu'elle ne fasse pas de nouvelles pertes?

Par l'effet de la sortie il ne reste plus que 1500 — 600 ou 900^{h}. La question revient donc à chercher; combien de jours pourront tenir 900^{h} avec les vivres de 1500^{h} pour 18^{j}?

$$\begin{array}{ll} 18^{j} & 1500^{h} \\ x & 900. \end{array}$$

$$x = \frac{18 \times 1500}{900} = 30^{j}$$

447. Deux ateliers composés l'un de 50 hommes, l'autre de 35 hommes ont fait 20 pièces d'étoffe de 65 mètres chacune en 18 jours, les premiers travaillant 8 heures par jour et les autres 12 heures; on demande quelle sera la longueur de 24 pièces de la même étoffe, que feront 40 hommes pendant 30 jours, travaillant 9 heures par jour?

Chaque homme du premier atelier travaille 18^{j} et 8^{h} par jour, par conséquent 18×8 ou 144^{h}. Les hommes de cet atelier, étant 50, travailleront, par conséquent, ensemble 144×50 ou 7200^{h}. On trouve de même que les hommes du deuxième atelier travaillent 7560^{h}. En somme, les hommes des deux ateliers travaillent 14760^{h}. Ils font 20 pièces de 65^{m} chacune, ou $20 \times 65 = 1300^{m}$. Les autres hommes travaillent $30 \times 9 \times 40$ ou 10800^{h}. Appelons x le nombre de mètres qu'ils font. On déterminera x, en résolvant la règle de trois suivante. 14760^{h} de travail produisent 1300^{m}; combien 10800^{h} en produiront-elles?

$$\begin{array}{ll} 14760^{h} & 1300^{m} \\ 10800 & x. \end{array}$$

$$x = \frac{1300 \times 10800}{14760} = \frac{39000^{m}}{41}.$$

En divisant maintenant ce nombre de mètres par 24, on aura la longueur des pièces demandée. Ce qui donne $\frac{39000}{41 \times 24} = 72^{m}$

CHAPITRE III

RÈGLES D'INTÉRÊT SIMPLE ET D'ESCOMPTE.

RÈGLES D'INTÉRÊT SIMPLE.

448. On appelle intérêt le bénéfice, que retire de son argent la personne qui le prête. La somme prêtée s'appelle capital.

On appelle taux l'intérêt de 100 fr. dans 1 an. Le taux 5 pour 100, 6 pour 100, s'écrit : 5 0/0, 6 0/0.

L'intérêt est simple, quand le capital reste le même pendant toute la durée de son placement. Il est composé, quand à la fin de chaque année il se joint au capital pour porter intérêt les années suivantes.

Nous ne nous occuperons pas des règles d'intérêt composé ; ces règles ne pouvant être traitées d'une manière satisfaisante sans le secours de l'algèbre.

Les règles d'intérêt simple présentent quatre questions différentes. On peut avoir à calculer une valeur de l'une des quatre quantités : intérêt, taux, temps, capital, au moyen d'un nombre de données suffisantes de l'espèce de ces quantités. Toutes ces règles sont des règles de trois. Car en faisant varier successivement deux des quantités précédentes, et supposant les deux autres constantes, on reconnait immédiatement que l'intérêt est directement proportionnel au taux, au temps, et au capital ; que le taux est inversement proportionnel au temps et au capital, et que le temps est inversement proportionnel au capital. Le temps peut être exprimé de trois manières : en jours, en mois, en années. A cause de cette particularité et de la manière abrégée dont on énonce les règles de trois, nous appliquerons de nouveau la méthode de réduction à l'unité à chacune des quatre questions qui suivent, où trois des quatre quantités précédentes étant connues, on se propose de trouver la quatrième.

449. Trouver l'intérêt de 4500^{f} placés à 7% pendant $2^{a}\ 5^{m}$ cette question revient à la suivante.

100^f dans 12^m rapportent 7^f ; combien 4500^f dans 29^m rapporteront-ils ?

$$\begin{array}{lll} 100^c & 12^m & 7^i \\ 4500 & 29 & x. \end{array}$$

Puisque 100^f rapportent 7^f, 1^f rapportera 100 fois moins ou $\frac{7}{100}$. 1^f rapporte cet intérêt dans 12^m, dans 1^m il rapportera 12 fois moins ou $\frac{7}{100 \times 12}$. 4500^f dans le même temps rapporteront 4500 fois plus ou $\frac{7 \times 4500}{100 \times 12}$, et dans 29^m ils rapporteront 29 fois plus ou $\frac{7 \times 4500 \times 29}{100 \times 12} = 761^f,25$.

450. A quel taux faut-il placer 2600^f, pour que ce capital produise 250^f d'intérêt dans 3 ans.

Cette question revient à rechercher ; combien 100^f rapportent dans 1^a, sachant que 2600^f rapportent 250^f dans 3^a.

$$\begin{array}{lll} 5600^c & 250^i & 3^a \\ 100 & x & 1. \end{array}$$

Puisque 2600^f rapportent 250^f, 1^f rapportera 2600 fois moins ou $\frac{250}{2600}$. 1^f rapporte cet intérêt dans 3^a, dans 1^a il rapportera 3 fois moins ou $\frac{250}{2600 \times 3}$. 100^f dans le même temps rapporteront 100 fois plus ou $\frac{250 \times 100}{2600 \times 3} = 3^f,21$.

451. Dans combien de mois 7600^f placés à 5% produiront-ils 328^f d'intérêt?

$$\begin{array}{lll} 100^f & 5^i & 12^m \\ 7600 & 328 & x. \end{array}$$

Puisque 100^f mettent 12^m à rapporter un certain intérêt, 1^f mettra 100 fois plus de temps à rapporter le même intérêt ou 12×100. Cet intérêt est de 5^f; s'il n'était que de 1^f, 1^f le rapporterait dans 5 fois moins de temps ou $\frac{12 \times 100}{5}$; 7600^f le rapporteront dans 7600 fois moins de temps ou $\frac{12 \times 100}{5 \times 7600}$, et pour rapporter 328f ce capital mettra 328 fois plus de temps ou $\frac{12 \times 100 \times 328}{5 \times 7690} = 10^{m}\ 10^{j}$.

Les fractions de mois se traduisent ordinairement en jours; on suppose alors le mois de 30j.

152. Trouver le capital qui placé à 5% pendant 1278j rapporte 1368f.

$$\begin{array}{lll} 100^{f} & 365^{j} & 5^{f} \\ x & 1278 & 1368. \end{array}$$

Puisque 5f sont rapportés par 100f, 1f sera rapporté par 5 fois moins de capital ou $\frac{100}{5}$. Ce capital reste placé pendant 365j, s'il n'était placé que pendant 1j, il devrait, pour rapporter le même intérêt, être 365 fois plus grand ou $\frac{100 \times 365}{5}$. 1368f exigeront pour être rapportés dans le même temps 1368 fois plus de capital ou $\frac{100 \times 365 \times 1368}{5}$, et pour être rapportés dans 1278j il faudra 1278 fois moins de capital ou $\frac{100 \times 365 \times 1368}{5 \times 1278}$ $= 7814^{f}$.

Nous appliquerons maintenant la règle générale (443) à la résolution des règles d'intérêt, qui suivent.

453. A quel taux faudrait-il placer 9600 fr. pendant 3 ans pour avoir l'intérêt, que rapporteraient 8000 au taux de 4 0/0 pendant 2 ans 5 mois?

$$\begin{array}{lll} 8000^{c} & 4^{t} & 29^{m} \\ 9600 & x & 36. \end{array}$$

$$x = \frac{4 \times 8000 \times 29}{9600 \times 36} = 2^{f},69.$$

454. Combien faudrait-il de temps à un capital de 8650 fr. placé à 3f,60 0/0 pour rapporter l'intérêt de 12420 fr. placés à 4f,40 0/0 pendant 3 ans 5 mois?

$$\begin{array}{lll} 12420^{c} & 4^{f},40^{t} & 41_{m} \\ 8750 & 3,60 & x \end{array}$$

$$x = \frac{41 \times 4,40 \times 12420}{3,60 \times 8650} = 5^{a}\ 11^{m}\ 28^{j}.$$

455. Une somme de 8900 fr. a rapporté $940^f,50$ pendant 28 mois ; on demande combien une autre somme de 10600 fr. doit rapporter au même taux pendant 42 mois, et quel est le taux?

On obtient l'intérêt demandé en résolvant la question suivante:

$$\begin{array}{ccc} 8900^f & 940^f,50^i & 28^m \\ 10600 & x & 42. \end{array}$$

$$x = \frac{940^f,50 \times 10600 \times 42}{8900 \times 28} = 1680^f,22.$$

On obtient le taux, en résolvant cette autre question.

$$\begin{array}{ccc} 8900^f & 940^f,50 & 28^m \\ 100 & y & 12. \end{array}$$

$$y = \frac{940^f,50 \times 100 \times 12}{8900 \times 28} = 4^f,52.$$

Remarque. — Les valeurs particulières du taux, de l'intérêt, du temps, du capital ne sont pas toujours séparées, comme dans les problèmes précédents. On est alors obligé de modifier l'énoncé du problème. Nous allons en donner des exemples.

456. Une personne ayant emprunté 6800 fr. à 5 0/0 s'acquitte au bout d'un certain temps, en rendant 7400 fr. Pendant combien de temps le capital 6800 fr. a-t-il été placé ?

En retranchant 6800^f de 7400^f on a l'intérêt 600^f. On n'a plus alors qu'à résoudre la question suivante :

$$\begin{array}{ccc} 100^c & 1^a & 5^i \\ 6800 & x & 600 \end{array}$$

$$x = \frac{100 \times 600}{6800 \times 5} = 1^a\ 9^m\ 5^j.$$

457. Un capital a été placé à 4 0/0 pendant 15 mois au bout desquels on a reçu pour le capital et les intérêts 2520 fr. Quel est ce capital ?

Cherchons d'abord l'intérêt de 100^f à 4 0/0 pendant 15^m. Il suffit de résoudre la question suivante : Un certain capital rapporte 4^f dans 12^m ; combien rapportera-t-il dans 15^m.

$$\begin{array}{cc} 4^i & 12^m \\ x & 15. \end{array}$$

$$x = \frac{4 \times 15}{12} = 5$$

Ajoutons 5 à 100 ; nous trouverons le capital demandé en résolvant la question suivante : 100^f au bout d'un certain temps acquièrent une valeur de 105^f ; quel est le capital qui, dans le même temps acquiert la valeur de 2520^f.

Nous remarquerons que la somme d'un capital et de son intérêt est proportionnelle à ce capital. Car si 100^f, par exemple, rapportent 5^f, 200^f dans le même temps rapporteront 10^f ; de sorte que le rapport $\frac{100+5}{100}$ devient alors $\frac{200+10}{200}$, et on voit qu'il ne change pas (435).

Il résulte de là, que la question précédente est une règle de trois, que l'on peut résoudre à la manière ordinaire.

$$\begin{array}{cc} 100^c & 105^v \\ y & 2520^v. \end{array}$$

$$y = \frac{100 \times 2520}{105} = 2400^f.$$

458. Deux capitaux, dont l'un est placé au taux de 3 fr. et l'autre au taux de $4^f,50$, ont rapporté 950 fr. en 8 mois. On sait que le premier rapporterait 1225 fr. en 3 ans. Quels sont ces capitaux ?

On obtient le premier capital en résolvant la question suivante.

$$\begin{array}{ccc} 100^c & 1^a & 3^i \\ x & 3 & 1225. \end{array}$$

$$x = \frac{100 \times 1 \times 1225}{3 \times 3} = 13611^f,11.$$

On trouve l'intérêt de ce capital pendant 8^m, en résolvant cette autre question.

$$\begin{array}{ccc} 100^c & 12^m & 3^i \\ 13611,11 & 8 & y. \end{array}$$

$$y = \frac{3 \times 8 \times 13611,11}{12 \times 100} = 272^f,22.$$

En retranchant l'intérêt $272^f,22$ du 1er capital de la somme des deux intérêts 950, en aura 677,79 pour l'intérêt du second capital. On trouve alors le second capital, en résolvant cette nouvelle question.

$$\begin{array}{ccc} 100^c & 12^m & 4^f,50 \\ z & 8 & 677,79. \end{array}$$

$$z = \frac{100 \times 12 \times 677,79}{8 \times 4,50} = 22593.$$

RÈGLES D'ESCOMPTE.

459. On appelle escompte la retenue que l'on fait subir à un billet, dont on veut être payé avant l'échéance.

Il y a deux sortes d'escompte : l'escompte en dehors ou l'escompte commercial, et l'escompte en dedans ou rationel.

L'escompte en dehors est l'intérêt simple de la somme portée sur le billet pendant le temps qui reste à s'écouler jusqu'au jour de l'échéance. L'escompte en dedans est l'intérêt pendant le même temps d'une somme telle qu'augmentée de cet intérêt elle reproduise la somme portée sur le billet. L'escompte en dedans étant l'intérêt d'une somme moindre que celle qui est portée sur le billet, est par conséquent plus petit que l'escompte en dehors, qui est l'intérêt de cette dernière somme.

Les règles d'escompte en dehors sont tout à fait analogues aux règles d'intérêt simple. On dit escompte au lieu d'intérêt, taux d'escompte au lieu de taux d'intérêt.

460. Quel est l'escompte en dehors à 6 0/0 d'un billet de 5832 fr. payable dans 3 ans 7 mois ?

Cette question revient à la suivante.

100^f paient 6^f d'escompte pour 12^m ; quel escompte paieront 5832^f pour 43^m ?

$$\begin{array}{ccc} 100^e & 6^e & 12^m \\ 5832 & x & 43. \end{array}$$

D'après (443) on a $x = \dfrac{6 \times 5832 \times 43}{100 \times 12} = 1253^f,88.$

Toutes les autres questions d'escompte en dehors se résolvent de la même manière que les questions analogues d'intérêt simple.

Remarque. — L'escompte en dehors n'est pas équitable. On retient l'intérêt de la somme portée sur le billet, et on ne paie qu'une partie de cette somme. Il serait plus équitable de ne retenir que l'intérêt de la somme que l'on donne ou l'escompte en dedans.

461. Quel est l'escompte en dedans à 6 0/0 d'un billet de 5832 fr. payable dans 3 ans 7 mois ?

Nous allons d'abord chercher le capital, qui augmenté de son intérêrêt à 6%pendant 3ª 7m acquiet la valeur de 5732.

En raisonnant comme au n° (457), on cherche d'abord l'intérêt de 100f à 6% pendant 43m. Pour cela on résout la question suivante.

$$6^i \quad 12^m$$
$$x \quad 43.$$
$$x = \frac{6 \times 43}{12} = 21,5.$$

On trouve ensuite le capital, en posant

$$100^c \quad 121,5^v$$
$$y \quad 5832.$$
$$y = \frac{130 \times 5832}{121,5} = 4800^f.$$

En retranchant 4800 de 5832, on a 1032 pour l'escompte demandé.

Remarque. L'escompte en dehors surpasse l'escompte en dedans de l'intérêt de l'intérêt de la vraie valeur du billet : car si de l'escompte en dehors 1253,88 nous retranchons l'escompte en dedans 1032, nous trouvons 221,88, qui est l'intérêt de 1032 à 6% pendant 43m.

CHAPITRE IV

RÈGLES DE PARTAGES PROPORTIONELS ET DE SOCIÉTÉ

RÈGLES DE PARTAGES PROPORTIONNELS

462. On dit que des quantités A, B, C sont proportionnelles à d'autres quantités a, b, c ; lorque les rapports entre les quantités de la première suite et les quantités correspondantes de la 2me sont égaux c'est-à-dire quand on a $\frac{A}{a}=\frac{B}{b}=\frac{C}{c}$.

Il résulte de la, que le rapport de deux quelconques des quantités de la 1er suite est égal au rapport des quantités correspondantes de la 2me car de $\frac{A}{a}=\frac{B}{b}$, on tire $\frac{A}{B}=\frac{a}{b}$, et de $\frac{A}{a}=\frac{C}{c}$ on tire $\frac{A}{C}=\frac{a}{c}$.

463. Réciproquement si deux suites de quantités A, B, C — a, b, c — sont telles, que l'on ait $\frac{A}{B}=\frac{a}{b}$, $\frac{A}{C}=\frac{a}{c}$; les quantités de la 1ère suite sont proportionnelles aux quantités de la 2me; car des proportions précédentes on déduit $\frac{A}{a}=\frac{B}{b}$, et $\frac{A}{a}=\frac{C}{c}$, par suite $\frac{A}{a}=\frac{B}{b}=\frac{C}{c}$.

464. Partager un nombre n en parties proportionnelles à des nombres donnés a, b, c; c'est le décomposer en parties x, y, z telles, que l'on ait la suite des rapports égaux $\frac{x}{a}=\frac{y}{b}=\frac{z}{c}$.

Si les nombres donnés ont des facteurs communs, on supprime ces facteurs ; ce qui ne change pas la valeur des parties. Car d'après les nros (462) (463), partager n en parties proportionelles à a, b, c revient a le décomposer en parties, qui soient entre elles comme les nombres a, b, c; et le rapport de deux quelconques de ces nombres ne change pas, quand on les divise par un troisième (259).

Si les nombres donnés sont des fractions, ou des entiers et des fractions on réduit tous ces nombres en fractions de même dénominateur, et on remplace les fractions ainsi obtenues par leurs numérateurs. Car le rapport entre deux fractions de même dénominateur est le même qu'entre leurs numérateurs (259).

465. Partager 510 en parties proportionnelles à 9, 15, 21. Les nombres 9, 15, 21 admettent 3 pour facteur commun. En les divisant par 3, la question revient à partager 510 en parties proportionnelles à 3, 5, 7.

Désignons par x, y, z les trois parties. On devra avoir

$$\frac{x}{3}=\frac{y}{5}=\frac{z}{7}$$

d'où

$$\frac{x+y+z}{3+5+7}=\frac{x}{3}=\frac{y}{5}=\frac{z}{7}\ (395),$$

ou

$$\frac{510}{15}=\frac{x}{3}=\frac{y}{5}=\frac{z}{7}.$$

$$\text{de } \frac{510}{15}=\frac{x}{3} \text{ on déduit } x=\frac{510\times 3}{15}.$$

$$\text{de } \frac{510}{15}=\frac{y}{5} \qquad y=\frac{510\times 5}{15}.$$

$$\text{de } \frac{510}{15}=\frac{z}{7} \qquad z=\frac{510\times 7}{15}.$$

le raport $\frac{510}{15}$ se repétant dans l'expression de chaque inconnue, ou simplifie le calcul des inconnues, en cherchant d'abord la valeur de ce rapport, qui est 34. On multiplie ensuite 34 successivement par 3, 5 et 7, et l'on trouve ainsi $x=102$, $y=170$, $z=238$.

Il se présente ici une vérification ; la somme des parties doit reproduire le nombre proposé.

466. Partager 1350 en parties proportionnelles a 3, $5+\frac{2}{3}$, $\frac{4}{5}$

les nombres 3, $5+\frac{2}{3}$, $\frac{4}{5}$ réduits au même dénominateur deviennent $\frac{45}{15}, \frac{105}{15}, \frac{12}{15}$. La question revient alors à partager 1350 proportionnellement à 45, 105, 12. Ces nombres, après la suppression de leur facteur commun 3, deviennent 15, 35, 4. On pose alors $\frac{x}{15}=\frac{y}{35}=\frac{z}{4}$; d'où $\frac{1350}{54}=\frac{x}{15}=\frac{y}{35}=\frac{z}{4}$. On trouve $x=374{,}985$, $y=874{,}965$, $z=99{,}996$.

467. Partager 3450 en 4 parties; de manière que la 1re soit à la 2e comme 4 est à 5; la 2e à la 3e comme 6 est à 7, et que la 4e soit triple de la 2e.

Supposons l'une des parties connue, il sera facile, au moyen des rapports donnés, d'exprimer toutes les autres. Pour plus de simplicité, prenons la 2e égale à 1. La 4e sera égale à 3. La 1re sera $\frac{4}{5}$; et la 3e $\frac{7}{6}$. On voit maintenant, que si la 2e partie est un certain nombre de fois plus grande que 1, les autres parties seront le même nombre de fois plus grandes; de telle sorte que les rapports des parties demandées seront les mêmes que les rapports des parties que nous venons d'obtenir. Les parties demandées sont donc proportionnelles aux parties précédentes (463). En les désignant par $x\ y\ z\ u$, on devra avoir $\frac{x}{\left(\frac{4}{5}\right)}=\frac{y}{1}=\frac{z}{\left(\frac{7}{6}\right)}$ $=\frac{u}{3}$ ou bien en réduisant les conséquents au même dénominateur, et supprimant ce dénominateur $\frac{x}{24}=\frac{y}{30}=\frac{z}{35}=\frac{u}{90}$; d'où $\frac{3450}{179}=\frac{x}{24}=\frac{y}{30}=\frac{z}{35}=\frac{u}{90}$; $x=462{,}569$, $y=578{,}212$, $z=674{,}58$, $u=1734{,}636$.

RÈGLES DE SOCIÉTÉ.

Dans les règles de société, on se propose de déterminer les bénéfices, les pertes, ou les mises de plusieurs personnes qui se sont associées pour une entreprise.

468. Trois associés ont mis dans une entreprise, le 1er, une somme de 1536 fr.; le 2e, une somme de 5800 fr.; le 3e, une somme de 739 fr., pendant le même temps. Ils ont fait un bénéfice de 12000. On demande la part de chaque associé proportionnellement à sa mise.

La question revient évidemment à partager 12000 fr. proportionnellement aux mises. Mais on résout ordinairement les règles de société à la manière des règles de trois, en se fondant sur ce que les bénéfices ou les pertes sont proportionnels aux mises.

D'après celà faisons la somme des mises, nous obtiendrons 8075. Maintenant on trouvera évidemment la part du 1er, en cherchant combien rapporteront 1536 fr., sachant que 8075 ont rapporté 12000 fr.

8075c	12000b
1536	x .

$x = \dfrac{12000 \times 1536}{8075}$, par analogie on a $y = \dfrac{12000 \times 5800}{8075}$ $z = \dfrac{12000 \times 739}{8075}$. On trouve $x = 2282{,}85$, $y = 8619{,}19$, $z = 1098{,}19$.

469. Deux associés ont fait un fonds de 15800f; le bénéfice du 1er égale 480f, celui du 2e 512f80. On demande la mise de chacun.

Faisons la somme des bénéfices, on trouve 992f80. On obtiendra la mise du 1er en cherchant le capital, qui produit 480; sachant que dans les mêmes conditions 15800f produisent 992f80.

15800c	992f,80b
x	480 .

$x = \dfrac{15800 \times 480}{992{,}80}$. Par analogie $y = \dfrac{15800 \times 512{,}80}{992{,}80}$. On trouve $x = 7638{,}72$, $y = 8160{,}69$.

470. Trois associés ont mis dans une entreprise, le 1er une somme de 2800f pendant 8m ; le 2e une somme de 945f pendant 1a 3m ; le 3e une somme de 1530f pendant 10m. Ils ont fait un bénéfice de 15600f. On demande la part de chaque associé proportionnellement à sa mise, et au temps pendant lequel la mise est restée dans l'entreprise.

Le premier ayant mis 2800f pendant 8m doit recevoir autant que s'il avait mis 8 fois 2800f pendant 1m ou 22400f.

Le 2e a mis 945^f pendant 15^m ; c'est comme s'il avait mis 945 $\times$ 15 ou 14175^f pendant 1^m.

Le 3e a mis 1530^f pendant 10^m ; c'est comme s'il avait mis 1530 $\times$ 10 ou 15300^f pendant 1^m.

La question se trouve ainsi ramenée à la suivante : trois associés ont mis dans une entreprise, le 1er une somme de 22400^f, le 2e une somme de 14175^f, le 3e une somme de 15300^f pendant le même temps, ils ont fait un bénéfice de 15600^f. On demande la part de chaque associé proportionnellement à sa mise.

D'après la marche suivie au n° **468**, on trouve $x = \frac{15600 \times 22400}{51875}$, $y = \frac{15600 \times 14175}{51875}$, $z = \frac{15600 \times 15300}{51875}$; $x = 6736,12$, $y = 4262,70$, $z = 4600,91$.

CHAPITRE V.

RÈGLES DE MÉLANGE ET D'ALLIAGE.

RÈGLES DE MÉLANGE.

Dans les règles de mélange on se propose de déterminer la valeur du mélange de plusieurs substances, lorsque l'on connaît la grandeur de chacune d'elles et sa valeur ; ou bien de déterminer combien on doit prendre de diverses substances d'une valeur connue, pour former un mélange d'une valeur connue.

471. On a mélangé 80^l de vin à $0^f,50$ le litre, 50^l de vin à $0^f,75$ le litre, 35^l de vin à 0^f90 le litre. A combien revient le litre du mélange ?

80^l à 0^f50 valent $80 \times 0,50$ ou 40^f.
50^l à 0^f75 — $50 \times 0,75$ — 37^f50.
35^l à 0^f90 — $35 \times 0,90$ — 31^f50.

La somme des litres est 165^l. La somme de leurs valeurs est 109^f. Par conséquent 1^l vaut $\frac{109}{166} = 0^f66$,

472. Dans quel rapport doit-on mélanger du vin à 0^f43 le litre avec du vin à 0^f54 le litre pour former un mélange valant 0^f47 le litre.

On peut toujours prendre arbitrairement l'un des termes d'un rapport à déterminer. Pour plus de simplicité nous supposerons le 1er terme de ce rapport ou le nombre de litres du 1er vin égal à 1, et nous désignerons par x le second terme de ce rapport ou le nombre de litres du 2me vin. Sur chaque litre du 1er vin, qui entre dans le mélange on gagne $0^f47 - 0^f43$ ou 0^f04. Sur chaque litre du 2me vin, qui entre dans le mélange on perd $0^f54 - 0^f47$ ou 0^f07, et sur les x litres on perd x fois plus en $0^f07 \times x$. La perte devant être égale au gain, on doit avoir

$$0^f07 \times x = 0^f04,$$

ou

$$7 \times x = 4\ ;$$

d'où en divisant par 7

$$x = \frac{4}{7}$$

Ainsi à 1^l du 1er vin il faudra mélanger $\frac{4^l}{7}$ du 2me comme le rapport de 1 à $\frac{4}{7}$ est égal à celui de 7 à 4 ; on dira plus simplement, qu'a 7^l du 1er vin il faut en ajouter 4 du 2me.

REMARQUE. Lorsque le nombre de substances à mélanger est plus grand que 2, le problème est indéterminé.

473. Combien faut-il mélanger de vin à 48 centimes le litre et de vin à 34 centimes le litre, pour former 215^l de mélange à 40 centimes le litre.

D'après le problème précédent, il suffit de mélanger 6^l du 1er vin à 8^l du 2me, pour que le litre du mélange revienne à 40^c. Cela posé, cherchons le nombre de litres du 1er vin, qui doivent entrer dans les 215^l de mélange, sachant que $6 + 8$ ou 14^l de mélange contiennent 6^l du 1er vin. On n'a qu'à résoudre la règle de trois suivante.

$$\begin{array}{cc} 14^{me} & 6^{1ier} \\ 215 & x \end{array}$$

$$x = \frac{6 \times 215}{14} = 92^l14$$

En retranchant 92^l14 de 215, on trouve 122^l86 pour le nombre de litres du second vin.

474. Combien faut-il mélanger de vin à 48 centimes le litre avec 60^l de vin à 34^c le litre, pour former un mélange à 40^c le litre.

D'après le problème 472 il suffit de mélanger 6^l du 1er vin à 8^l du 2me, pour que le litre du mélange revienne à 40^c. D'après cela on obtiendra le nombre de litres demandé, en résolvant la question suivante. Pour faire un certain mélange il faut à 6^l d'un vin en ajouter 8 d'un autre ; combien faudra-t-il mettre du 1er vin à 60^l du 2me.

$$\begin{array}{cc} 6^{1ier} & 8^{2me} \\ x & 60 \end{array}$$

$$x = \frac{6 \times 60}{8} = 45^l$$

475. Combien faut-il mettre de litres d'eau à 320^l de vin à 0^f80, pour avoir un mélange valant 0^f50 le litre. On pourrait résoudre ce problème comme le précédent, en considérant l'eau comme du vin à 0 centime le litre, mais il est plus simple de le résoudre de la manière suivante.

On perd sur chaque litre de vin $0^f80 - 0^f50$ ou 0^f30, et sur les 320^l $320 \times 0^f30 = 96^f$. Si nous appelons x le nombre de litres d'eau, on devra avoir $x \times 0^f50 = 96$; d'où $x = \frac{96}{0,50} = 192^l$.

Les règles de mélange portent le nom de règles d'alliage, lorsque les substances mélangées sont des métaux, dont le mélange ne s'opère que par la fusion. Les alliages d'or et d'argent s'appellent lingots.

476. On fond ensemble trois lingots d'argent. Le 1er pesant 47^k est au titre de 0,96, le 2e pesant 38^k est au titre de 0,91, le 3e pesant 25^k est au titre de 0,73 ; on demande le titre du lingot résultant de cette fonte.

47^k d'un lingot au titre de 0,96 contiennent $47 \times 0,96$ ou $45^k,12$ d'argent (417).

38^k d'un lingot au titre de 0,91 contiennent $38 \times 0,91$ ou 34,58 d'argent.

25^k d'un lingot au titre de 0,73 contiennent $25 \times 0,73$ ou 18,25 d'argent.

La somme des poids des trois lingots est 110^k. La somme des poids d'argent qu'ils contiennent est $97^k,95$. Ainsi le lingot résultant de la fonte pèse 110^k, et contient $97^k,95$ d'argent ; 1^k de ce lingot contiendra par conséquent 110 fois moins d'argent ou $\frac{97^k,95}{110} = 0,89$.

477. Dans quel rapport doit-on allier deux lingots d'or, l'un au titre de 0,96, l'autre au titre de 0,73, pour former un troisième lingot au titre 0,88.

Supposons le 1er terme du rapport demandé ou le nombre de kilogrammes du 1er lingot égal à 1, et désignons par x le 2e terme du rapport ou le nombre de kilogrammes du 2e lingot. Sur chaque kilogramme du 1er lingot qui entre dans l'alliage, on perd $0^k,08$ d'or. Sur chaque kilogramme du 2e lingot qui entre dans l'alliage, on gagne 0^k15 d'or, et sur les x kilogrammes on gagne x fois plus ou $0^k,15 \times x$. Le gain devant compenser la perte, on doit avoir.

$$0,15 \times x = 0,08;$$

d'où

$$x = \frac{8}{15}.$$

Ainsi à 1^k du 1er lingot il faudra allier $\frac{8}{15}$ du 2e. Comme le rapport de 1 à $\frac{8}{15}$ est égal à celui de 15 à 8, on dira plus simplement qu'à 15^k du 1er lingot il faut allier 8^k du 2e.

478. Combien faut-il allier d'un lingot au titre de 0,96 et d'un autre lingot au titre de 0,73, pour former un lingot de 108^k au titre de 0,88.

D'après le problème précédent, il suffit d'allier 15^k du 1er lingot à 8^k du 2e, pour avoir un lingot au titre de 0,88. D'après cela on cherche le nombre de kilogrammes du 1er lingot qui doivent entrer dans 108^k d'alliage, sachant que 15 + 8 ou 23^k d'alliage contiennent 15^k du 1er lingot. On résout la règle de trois suivante :

$$\begin{matrix} 23^k & 15^{1er} \\ 108 & x. \end{matrix}$$

$$x = \frac{15 \times 108}{23} = 70,43.$$

En retranchant 70,43 de 108, on trouve 37,57 pour le nombre de kilogrammes du 2e lingot.

479. Combien faut-il allier d'un lingot au titre de 0,91 à 38^k d'un autre lingot au titre de 0,75 pour former un lingot au titre de 0,084.

D'après un raisonnement analogue à celui du numéro 474. On trouve $x = \frac{9 \times 38}{7} = 48^k,85$.

Nous terminerons par la règle suivante ; dite de conjointes ou d'arbitrage.

480. Connaissant le rapport d'une première quantité à une deuxième, le rapport de celle-ci à une troisième, le rapport de la troisième à une quatrième. Trouver le rapport de la première à la dernière.

Désignons les quantités données par a, b, c, d, le rapport de a à b par q, celui de b à c par q', celui de c à d par q'' ; on aura $\frac{a}{b} = q$, $\frac{b}{c} = q'$, $\frac{c}{d} = q''$. En multipliant ces égalités membre à membre et simplifiant, il vient $\frac{a}{d} = q \times q' \times q''$.

Ainsi le rapport de la première quantité à la dernière s'obtient, en faisant le produit de tous les rapports intermédiaires.

TABLE DES MATIÈRES

PREMIÈRE PARTIE.

Combinaisons et propriétés des nombres.

LIVRE I.

NOMBRES ENTIERS.

LIVRE II.

NOMBRES FRACTIONNAIRES.

LIVRE III.

NOMBRES INCOMMENSURABLES.

DEUXIÈME PARTIE.

Applications immédiates.

LIVRE IV.

RAPPORTS ET MESURES DE QUANTITÉS.

LIVRE V.

RÉSOLUTIONS DES PROBLÈMES.

1855. — Abbeville. — Imp. Briez, C. Paillarr et Retaux.

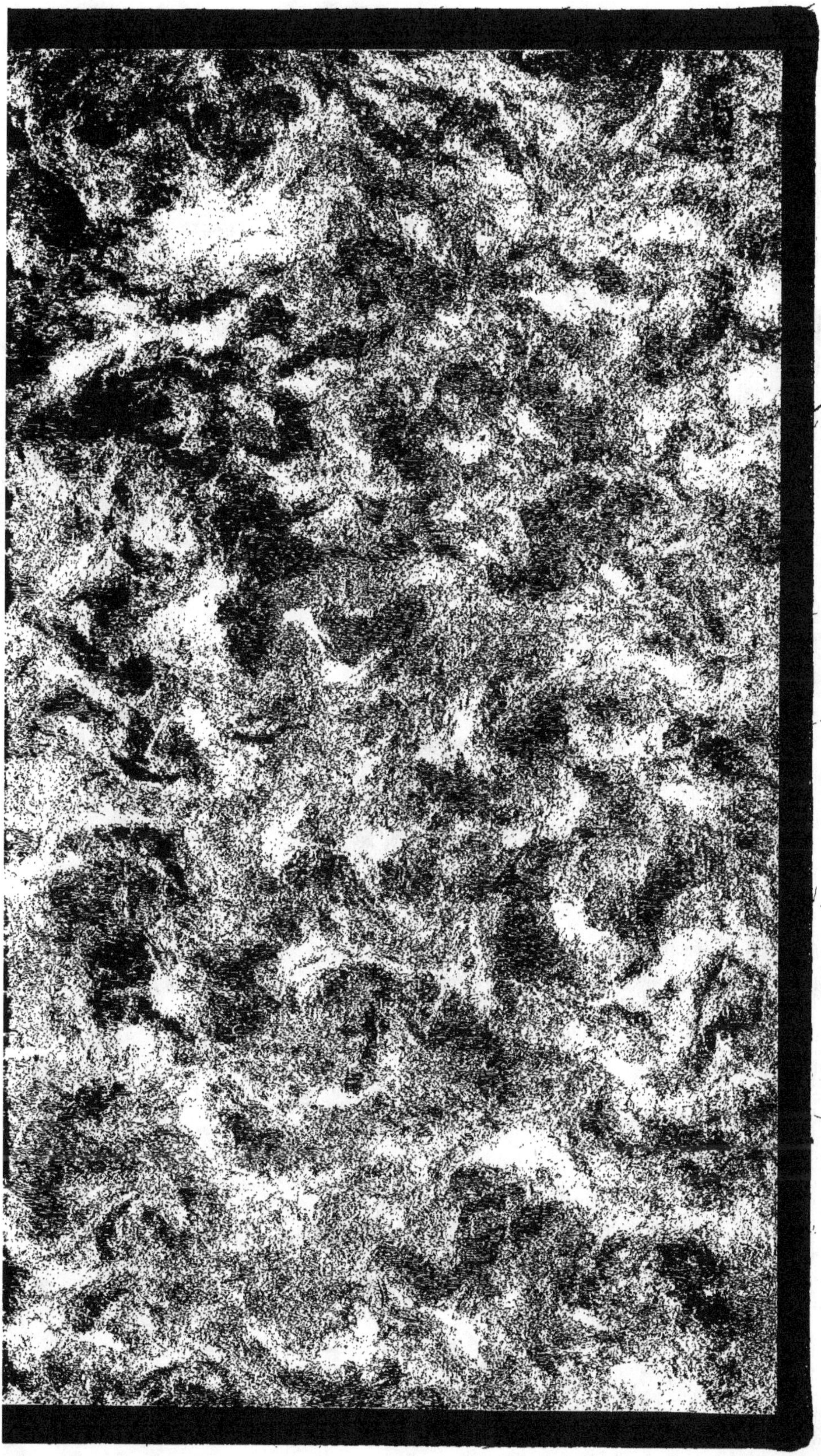

www.ingramcontent.com/pod-product-compliance
Lightning Source LLC
Chambersburg PA
CBHW070244200326
41518CB00010B/1684

* 9 7 8 2 0 1 9 5 5 2 5 7 2 *